Audioverstärker mit Röhrenvorstufe

Einfache Schaltungen zum Selberbauen

Klaus Röbenack

Röbenack, Klaus:
Audioverstärker mit Röhrenvorstufe:
Einfache Schaltungen zum Selberbauen.

ISBN-13:   978-1500482206
ISBN-10:   150048220X

Alle Rechte vorbehalten.
Prof. Dr. Klaus Röbenack
Brucknerstr. 17, 01309 Dresden, Deutschland
Internet: www.roebenack.de

Printed by CreateSpace, An Amazon.com Company

Vorwort

Röhrenverstärker sind im Audiobereich von einer nahezu mystischen Aura umgeben, bei der manche Verfechter der Röhrentechnik den Bezug zur technischen Realität vermissen lassen. Es ist nicht zu bestreiten, dass man mit hochwertigen Röhrenverstärkern eine sehr gute Wiedergabequalität erzielen kann. Auf der anderen Seite erreicht man selbst mit preiswerten Halbleiterverstärkern eine ausgezeichnete Signalqualität bei wesentlich höherem Wirkungsgrad. Tatsächlich geht es heutzutage bei Röhrenverstärkern nicht unbedingt um eine möglichst originalgetreue Wiedergabe, sondern im Gegenteil um eine gezielte Veränderung des Audiosignals, die wir mit "Röhrenklang" assoziieren. Das trifft insbesondere auf Gitarrenverstärker zu. Hierbei kann man die vom Röhrenverstärker verursachte Klangveränderung als Bestandteil der mit dem Instrument vorgenommenen Klangerzeugung verstehen.

Vollständig mit Röhren bestückte Verstärker sind sowohl schaltungstechnisch als auch mechanisch sehr aufwendig. Ein konzeptionell wie technisch interessanter Kompromiss ist die Verknüpfung einer Röhrenvorstufe mit einer transistorisierten bzw. integrierten Endstufe. Dieser Ansatz, der auch bei etlichen kommerziellen Geräten umgesetzt wurde, bildet den Schwerpunkt dieses Buches. Die beschriebenen Röhrenvorstufen können natürlich auch leicht mit anderen Verstärkern kombiniert werden.

Dieses Buch wendet sich an Leser, die bereits über schaltungstechnische Grundkenntnisse verfügen, sich aber nicht zwangläufig mit Röhren auskennen müssen. Neben mehreren erprobten Verstärkerschaltungen finden sich im Buch auch Hinweise für eigene Experimente. In Ergänzung zu verschiedenen funktionsfähigen Grundschaltungen werden ebenso zahlreiche Erweiterungsmöglichkeiten diskutiert.

Elektronenröhren werden normalerweise mit Spannungen von einigen hundert Volt betrieben. Die in diesem Buch beschriebenen Schaltungen sind für vergleichsweise niedrige Spannungen ausgelegt. Dennoch ist auch hier beim Aufbau bzw. Betrieb elektrischer Schaltungen die nötige Sorgfalt geboten. Insbesondere sind die entsprechenden Sicherheitsbestimmungen zu beachten und einzuhalten.

Die Anregung zu dem vorliegenden Buch verdanke ich meinem ehemaligen Kommilitonen, Herrn Dipl.-Ing. Christian Fritzlar. Seine zahlreichen Fragen, Hinweise und Kommentare haben mich zum Schreiben dieses Buches erst ermutigt.

Mein besonderer Dank gilt Herrn Dipl.-Ing. Christian John. Er hat mir in schwierigen Punkten entscheidende Anregungen gegeben. Außerdem möchte ich Herrn Dr.-Ing. Jan Winkler danken, der mich in vielfältiger Weise unterstützt hat. Darüber hinaus danke ich Herrn Prof. Dr. Albrecht Reibiger für die interessanten Diskussionen zu Triodenmodellen und den zugehörigen Ersatzschaltungen. Herrn Dr. Albrecht Gensior und Herrn Dipl.-Ing. Hans-Albert Bärnklau schulde ich Dank für ihre Hinweise zum Umgang mit gefährlichen Spannungen.

Nicht zuletzt danke ich meiner Frau und meinen Kindern für ihre Geduld und ihr Verständnis.

Dresden, im Juli 2014   Klaus Röbenack

Die Erstellung des Manuskripts und das Anfertigen der Schaltpläne erfolgten unter größter Sorgfalt. Dennoch können Fehler nicht ausgeschlossen werden. Der Autor übernimmt keine Garantie für die Korrektheit der beschriebenen Schaltungen und keine Haftung für entstandene Schäden.

Inhaltsverzeichnis

Kapitel 1

Grundlagen

Dieses Kapitel vermittelt in sehr kompakter Form wichtige Grundlagen zur Schaltungstechnik von Elektronenröhren. Der Verfasser stützt sich dabei auf Abhandlungen, wie sie beispielsweise in [22,48,52,55,59,60] zu finden sind. Es wird vorausgesetzt, dass der Leser bereits über Grundkenntnisse der Elektrotechnik und Elektronik bzw. Schaltungstechnik verfügt. Zu diesem Themenbereich sind zahlreiche Buchpublikationen verfügbar. Eine besonders anschauliche Einführung in die elektronische Schaltungstechnik mit und ohne Röhren ist Hagen Jakubaschk mit dem nur noch antiquarisch zu beschaffenden Buch "Radio- und Elektronikbasteln leichtgemacht" gelungen [43]. Sehr fortgeschrittenen Lesern sei das "Lehrbuch der Elektronen-Röhren und ihrer technischen Anwendungen" von Heinrich Barkhausen empfohlen [12–14].

1.1 Grundtypen von Röhren

Röhren bestehen aus einem luftleeren Glaskolben, in dem zwei oder mehr Elektroden angeordnet sind. Die Elektroden sind über Stifte im Röhrensockel nach außen geführt. Eine Elektrode wird elektrisch durch Heizfäden erwärmt und zum Glühen gebracht. Diese Elektrode heißt Kathode. Durch die Erwärmung treten aus dem Leiter Elektronen aus. Man spricht dabei von einer Glühemission bzw. von dem Edison-Effekt. Unter der Wirkung eines elektrischen Feldes können sich diese Elektronen im Vakuum zu einer zweiten Elektrode, der Anode, bewegen und damit einen Stromfluss hervorrufen (siehe Abb. 1.1). Dazu muss an der Anode eine gegenüber der Kathode positive Spannung anliegen. In diesem Zusammenhang ist zu beachten, dass die technische Stromflussrichtung der Bewegung der Ladungsträger (Elektronen) entgegengerichtet ist.

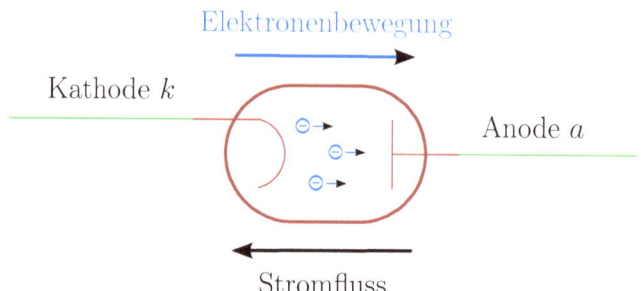

Abbildung 1.1: Elektronenbewegung und Stromfluss zwischen Kathode und Anode

Bei einer direkt geheizten Röhre wirkt der Heizfaden gleichzeitig als Kathode. Dazu ist unmittelbar auf dem eigentlichen Heizdraht eine entsprechende Kathodenschicht angebracht. Die elektrische Verbindung zwischen Heizung und Kathode schränkt die schaltungstechnischen Einsatzmöglichkeiten der Röhre jedoch erheblich ein. Daher ist diese Heizungsart nur bei Batterieröhren üblich [60,63]. Für netzbetriebene Rundfunk- und Fernsehempfänger wurden stattdessen indirekt geheizte Röhren entwickelt, bei denen Heizung und Kathode durch eine Isolationsschicht galvanisch voneinander getrennt sind.

Je nach Anzahl und Anordnung der Elektroden unterteilt man Elektronenröhren in verschiedene Typen (siehe Tab. 1.1). Röhrendioden lassen sich nicht zur Verstärkung einsetzen, sondern nur zur Gleichrichtung (Demodulation bzw. Spannungsversorgung). Sie werden daher in diesem Buch nicht weiter behandelt. Trioden bzw. Pentoden sind die typischen Verstärkerröhren. Auch Tetroden sind Verstärkerröhren, dieser Röhrentyp ist aber in Europa nicht sehr gebräuchlich. Hexoden und Heptoden werden in Überlagerungsempfängern (Superhets) zur multiplikativen Mischung einsetzt und scheiden aus diesem Grund für den Einsatz im Vorverstärker aus.

Einen einfachen Empfänger kann durchaus schon mit eine einzigen Röhre aufbauen. Hochwertige Geräte benötigen mehrere Röhren. Zum Zusammenschalten der Heizfäden mehrerer Röhren gibt es zwei Konzepte, nämlich die

Tabelle 1.1: Gängige Grundtypen von Elektronenröhren

Bezeichnung	Alte Bezeichnung	Anzahl der Elektroden	Anzahl der Gitter
Diode	Zweipolröhre	2	0
Triode	Dreipolröhre	3	1
Tetrode	Vierpolröhre	4	2
Pentode	Fünfpolröhre	5	3
Hexode	Sechspolröhre	6	4
Heptode	Siebenpolröhre	7	5

Serien- und die Parallelheizung (vgl. Abb. 1.2). Bei der Serienheizung sind die Heizfäden für einen festen Strom (ggf. aber für verschiedene Spannungen) dimensioniert, bei der Parallelheizung für eine feste Spannung. Zahlreiche moderne Röhren können bei Einhaltung des jeweiligen Heizstroms bzw. der Heizspannung sowohl in Serien- als auch in Parallelheizung betrieben werden.

Abbildung 1.2: Serienheizung (links), Parallelheizung (rechts)

Im Jahr 1935 wurde das auch heute noch übliche Bezeichnungsschema für Empfängerröhren eingeführt, das sich allerdings nur in Europa durchsetzen konnte [60]. Die Typenbezeichnung der jeweiligen Röhre beginnt mit mindestens zwei Buchstaben. Der erste Buchstabe gibt dabei Heizungsart mit der jeweiligen Heizspannung bzw. dem Heizstrom an. Der zweite Buchstabe gibt das Röhrensystem an. Bei Mehrfachröhren kommen entsprechend der beim zweiten Buchstaben verwendeten Nomenklatur weitere Buchstaben hinzu. Die gängigsten Varianten sind in Tab. 1.2 aufgeführt.

Den Buchstaben folgen Kennziffern, welche u. a. Aufschluss über den verwendeten Sockel geben. Bei Kennzahlen im Bereich 80 ... 89 besitzt die Röhre einen 9-poligen Novalsockel, bei Kennzahlen im Bereich 90 ... 99 dagegen einen 7-poligen Miniatursockel (vgl. Abb. 1.3). In diesem Bezeichnungsschema gibt es allerdings auch etliche weitere Sockeltypen (z. B. Rimlocksockel, 8-polige Oktal- und Loktalsockel). Ab 1963 wurde eine neue Typenbezeichnung mit drei Kennziffern eingeführt [67].

Tabelle 1.2: Buchstaben im europäischen Bezeichnungsschema (Auswahl)

1. Buchst.	Heizungsart	2. Buchst.	Röhrensystem
D	1, 4 V Parallelheizung	A	Diode
E	6, 3 V Parallelheizung	B	Duo- bzw. Doppeldiode
P	300 mA Serienheizung	C	Triode
U	100 mA Serienheizung	F	Pentode
		H	Hexode bzw. Heptode
		L	Leistungspentode

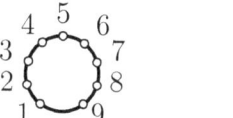 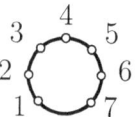

Abbildung 1.3: Anschlussnumerierung der gebräuchlichsten zwei Röhrensockel von unten, Novalsockel (links), Miniatursockel (rechts)

Das erläuterte Bezeichnungsschema wird nachfolgend an einigen Beispielen illustriert. Die EC92 ist eine für 6, 3 V Parallelheizung vorgesehen Triode mit 7-poligem Miniatursockel. Dagegen ist die UCC85 für 100 mA Serienheizung ausgelegt. Sie enthält zwei Triodensysteme, d. h. diese Röhre ist eine Doppeltriode. Damit auf die Elektroden beider Röhrensystem zugegriffen werden kann, wurde die UCC85 mit einem Novalsockel ausgestattet. Ergänzend zu den gängigen Empfängerröhren wurden auch verschiedene Spezialröhren entwickelt. So ist beispielsweise die E83CC eine auf besonders lange Lebensdauer optimierte Version der Doppeltriode ECC83.

1.2   Trioden

1.2.1   Kennlinienfelder

Eine Triode besitzt neben Anode und Kathode eine dritte Elektrode, die man Gitter bzw. Steuergitter nennt. Das Schaltbild sowie die Elektroden sind in Abb. 1.4 (links) angegeben. Bei einer Triode hängt der Anodenstrom I_a im Wesentlichen von der Gitterspannung U_g und der Anodenspannung U_a ab. Die

entsprechenden Klemmensignale sind in Abb. 1.4 (rechts) dargestellt, ihre Ab-
hängigkeiten lassen sich durch

$$I_a \equiv I_a(U_g, U_a) \tag{1.1}$$

angeben. In der Regel geht man dabei von einer negativen Gitterspannung aus,
da in diesem Fall praktisch kein Gitterstrom fließt und somit eine nahezu strom-
lose Steuerung der Röhre möglich ist.

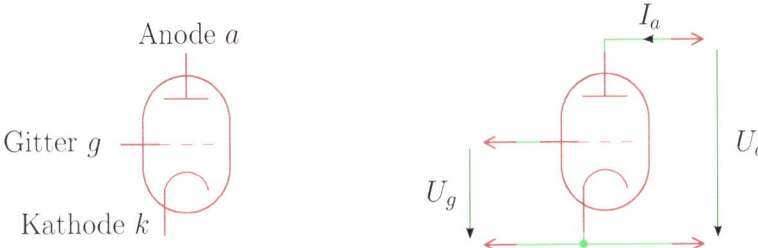

Abbildung 1.4: Schaltbild und Elektroden (links) bzw. relevante Klemmensignale (rechts) einer Triode

Zur Beschreibung des Zusammenhangs (1.1) gibt es zahlreiche physikalisch
begründete wie auch heuristische Ansätze. Die sehr einfache Formel

$$I_a = k \left(U_g + D \cdot U_a\right)^{3/2} \tag{1.2}$$

ergibt sich aus dem Raumladegesetz. Der Faktor k hängt von der Geometrie der
Elektroden sowie vom Kathodenmaterial ab. Der dimensionslose Koeffizient D,
der typischerweise positive Werte im einstelligen Prozentbereich annimmt, heißt
Durchgriff. Er beschreibt die Rückwirkung der Anodenspannung auf die Steuer-
spannung. Der Durchgriff ist eine wichtige Röhrenkenngröße, welche in Abschnitt 1.2.3.3 näher behandelt wird.

Eine andere Variante, die auch zur Schaltungssimulation verwendet wird,
geht auf Charles Rydel zurück [59, 64]:

$$I_a = K \left(1 + \frac{U_g}{k_b}\right) \cdot \left(U_g + \frac{U_a + k_c}{m}\right)^{3/2} \tag{1.3}$$

In Abhängigkeit von der eingesetzten Triode bzw. des betrachteten Arbeitsbereichs sind die Parameter K, k_b, k_c, m entsprechend anzupassen.

Wählt man eine feste Anodenspannung aus, dann beschreiben die Formeln (1.1) bis (1.3) die Abhängigkeit des Anodenstroms von der Gitterspannung. Die grafische Darstellung dieses Zusammenhangs nennt man Anodenstrom-Gitterspannungs-Kennlinie. Bei der simultanen Darstellung solcher Kennlinien für verschiedene Anodenspannungen spricht man vom Anodenstrom-Gitterspannungs-Kennlinienfeld. In gleicher Weise kann man die Abhängigkeit des Anodenstroms von der Anodenspannung für verschiedene (einzelne) Werte der Gitterspannung darstellen und erhält dabei das Anodenstrom-Anodenspannungs-Kennlinienfeld. Abb. 1.5 zeigt die beiden Kennlinienfelder für die sehr verbreitete Triode EC92.

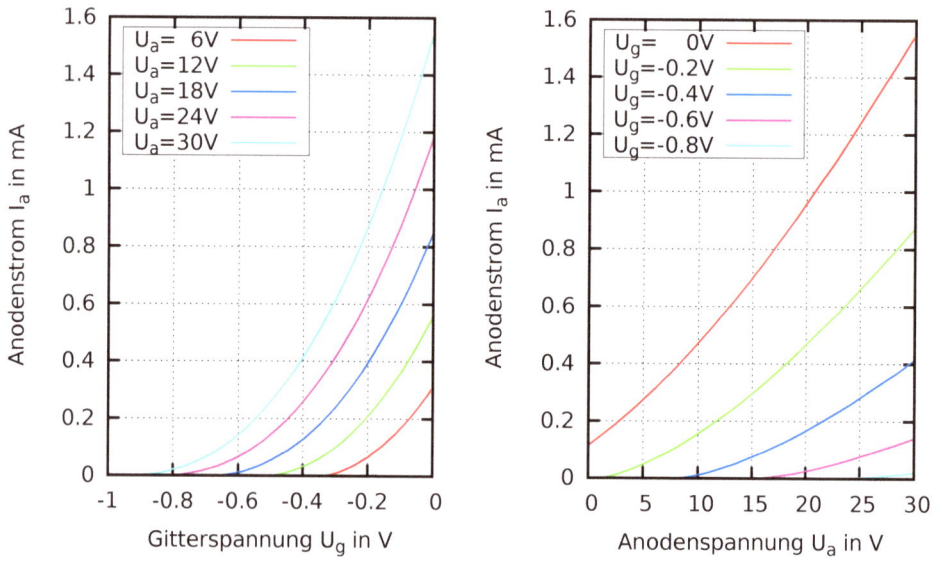

Abbildung 1.5: Kennlinienfelder einer Triode vom Typ EC92, Anodenstrom-Gitterspannungs-Kennlinienfeld   (links),   Anodenstrom-Anodenspannungs-Kennlinienfeld (rechts)

Die Kennlinienfelder sind oft im Datenblatt der jeweiligen Triode abgedruckt, beziehen sich aber typischerweise auf Anodenspannungen von 100 V oder mehr. Für die im Buch eingesetzten, sehr niedrigen Anodenspannungen muss man diese Kennlinien selber aufnehmen.[1] Bei der Triode EC92 wurde auf die Messdaten des in [65, S. 7] dargestellten Kennlinienfelds zurückgegriffen. Auf Basis des in [59, S. 88f.] vorgestellten Verfahrens wurden für das Triodenmodell (1.3) die Parameter $K = 0,0015240$, $k_b = 0.9296775$, $k_c = 6.5054544$ und $m = 36.08325$ ermittelt, wobei die Spannungen in V und der Anodenstrom in A eingesetzt wurden. Abweichend von [59, S. 88f.] erfolgte die numerische Berechnung mit der Open-Source-Software Scilab [68]. Die in Abb. 1.5 angegebenen Kennlinienfelder wurden mit dem so erhaltenen Modell erzeugt.

1.2.2 Arbeitspunkteinstellung

Abb. 1.6 zeigt eine erste Schaltungsanordnung zur Arbeitspunkteinstellung zusammen mit den dafür relevanten Gleichstrom- bzw. Gleichspannungsgrößen.

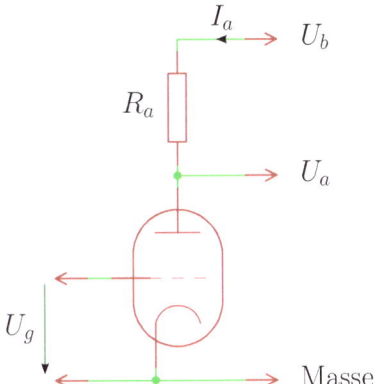

Abbildung 1.6: Relevante Gleichspannungsgrößen an einer Triodenstufe

Möchte man beispielsweise bei einer Betriebsspannung $U_b = 30\,\text{V}$ die Anodenspannung $U_a = 18$ V zusammen mit einem Anodenstrom $I_a = 0,4\,\text{mA}$ einstellen, dann benötigt man einen Anodenwiderstand

$$R_a = \frac{U_b - U_a}{I_a} = \frac{12\,\text{V}}{0,4\,\text{mA}} = 30\,\text{k}\Omega.$$

Fließt kein Anodenstrom, dann würde mit $U_a = U_b = 30\,\text{V}$ die volle Betriebsspannung an der Anode anliegen. Bildet umgekehrt die Röhre einen Kurzschluss,

---

[1]Eine Ausnahme bilden die sog. Niederspannungsröhren, die in Abschnitt 2.1 behandelt werden.

dann ergibt sich bei 30 V über einem 30 kΩ-Widerstand ein Strom von 1 mA. Die sich je nach Aussteuerung der Triode einstellenden Verhältnisse lassen sich im Anodenstrom-Gitterspanungs-Kennlinienfeld durch eine Strecke zwischen diesen beiden Punkten ($I_a = 0\,\text{mA}$ bei $U_a = 30\,\text{V}$ bzw. $I_a = U_b/R_a = 1\,\text{mA}$ bei $U_a = 0\,\text{V}$) beschreiben, siehe Abb. 1.7. Der konkrete Arbeitspunkt ist der Schnittpunkt zwischen dieser Strecke und der jeweiligen Anodenstrom-Anodenspannungs-Kennlinie in Abhängigkeit von der Gitterspannung U_g.

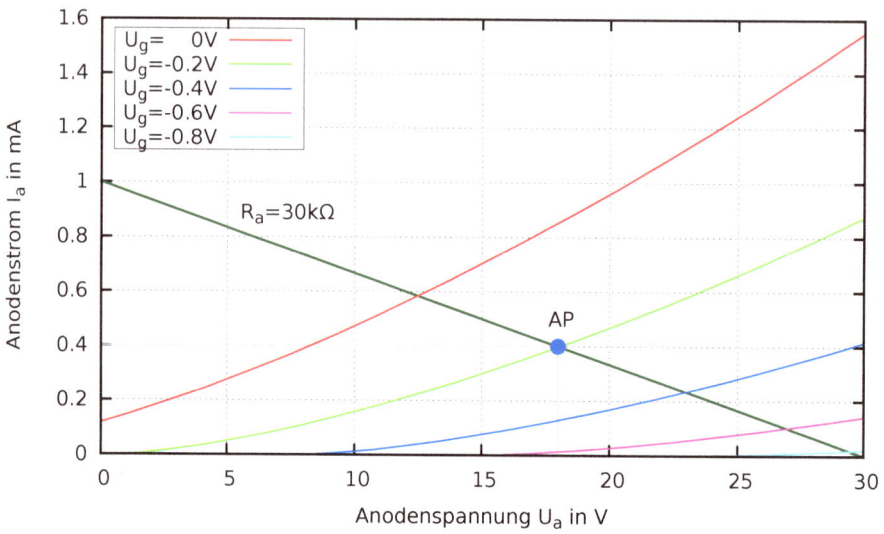

Abbildung 1.7: Einstellung des Arbeitspunktes (AP) mit 30 kΩ-Anodenwiderstand

Für den o. g. Arbeitpunkt bei $U_a = 18\,\text{V}$ und $I_a = 0,4\,\text{mA}$ liest man aus Abb. 1.7 die Gitterspannung $U_g = -0,2\,\text{V}$ ab. Für den Betrieb der Triode als Verstärkerröhre ist diese Spannung als Gittervorspannung bereitzustellen.

Theoretisch könnte man die negative Gittervorspannung U_g durch eine separater Spannungsquelle bereitstellen. Die zugehörige Schaltung ist in Abb. 1.8 (links) dargestellt [21, S. 22]. Da am Gitter zusätzlich die zu verstärkende Wechselspannung eingespeist werden soll, würde man die Gleichspannungsquelle nicht direkt, sondern über einen nicht zu kleinen Widerstand R_g mit dem Gitter verbinden. Diese Variante einer festen Gittervorspannungserzeugung ist in der Praxis allerdings selten anzutreffen.

In der Regel setzt man die in Abb. 1.8 (rechts) dargestellte automatische Gittervorspannungserzeugung ein. Dabei fällt über dem Kathodenwiderstand R_k eine positive Spannung ab, die durch den Kathodenkondensator C_k geglättet wird. Der Kathodenwiderstand und der Kathodenkondensator bilden die sog. Kathodenkombination. Das Gitter ist über $R_g \approx 100\,\text{k}\Omega \dots 1\,\text{M}\Omega$ gleichspannungsseitig mit Masse verbunden. Dadurch ist das Gitter relativ zur Kathode negativ vorgespannt, und zwar mit $U_g = -U_k$. Hierbei ist zu beachten, dass bei einer negativen Gittervorspannung (also $U_g < 0$) praktisch kein Gitterstrom fließt. Der Spannungsabfall U_k über dem Kathodenwiderstand R_k ergibt sich somit unmittelbar aus dem Anodenstrom I_a mit $U_k = R_k I_a$. Die Kathodenkombination stellt insgesamt einen Tiefpass dar, dessen Eckfrequenz f sich näherungsweise aus

$$f = \frac{1}{2\pi R_k C_k}$$

ergibt. Umgekehrt kann man dann bei einer vorgegebenen unteren Grenzfrequenz f der zu verstärkenden Signale die Mindestkapazität des Kathodenkondensators entsprechend

$$C_k \geq \frac{1}{2\pi R_k f}$$

ermitteln.

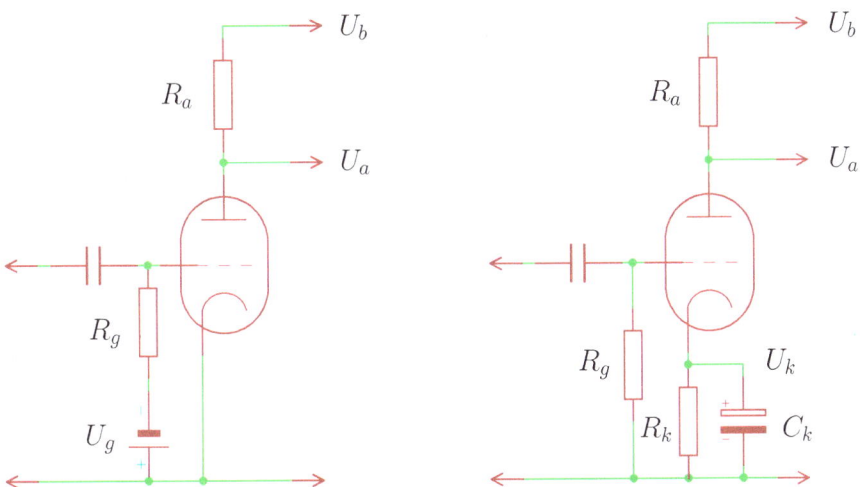

Abbildung 1.8: Bereitstellung der negativen Gittervorspannung mit separater Spannungsquelle (links), automatische Gittervorspannungserzeugung (rechts)

Bei bekanntem Anodenstrom I_a und einem für die Gittervorspannung ein-zustellenden Spannungsabfall U_k kann man dann den Kathodenwiderstand durch $R_k = U_k/I_a$ berechnen. Für den bereits diskutierten Arbeitspunkt erhält man mit $I_a = 0,4\,\mathrm{mA}$ und $U_k = -U_g = 0,2\,\mathrm{V}$ den Widerstandswert $R_k = 0,2\,\mathrm{V}/0,4\,\mathrm{mA} = 500\,\Omega$. In der schaltungstechnischen Praxis würde man sicher einen $470\,\Omega$-Widerstand einsetzen. Geht man für einen Audioverstärker von einer unteren Grenzfrequenz $f = 30\,\mathrm{Hz}$ aus, so ergibt sich

$$C_k \geq \frac{1}{2\pi \cdot 470\,\mathrm{V/A} \cdot 30\,s^{-1}} \approx 1,1288 \cdot 10^{-5}\,\frac{\mathrm{As}}{\mathrm{V}} \approx 11,3\,\mu\mathrm{F}.$$

Mit $C_k = 22\,\mu\mathrm{F}$ wäre man hier auf der sicheren Seite.

Eine hinsichtlich des Aufbaus noch einfachere Variante ist in Abb. 1.9 dargestellt. Verwendet man nämlich einen sehr großen Gitterableitwiderstand $R_g \approx 1\ldots10\,\mathrm{M\Omega}$, so stellt sich aufgrund des Anlaufstroms eine negative Gittervorspannung ein. Betragsmäßig liegt die so erzeugte Gittervorspannung typischerweise im Bereich einiger hundert Millivolt (siehe auch Abschnitt 3.2). Bei Röhren, die eine Gittervorspannung im Bereich einiger Volt benötigen, ist diese Methode nicht anwendbar. Dagegen ist die Gittervorspannungserzeugung mit Anlaufstrom bei direkt geheizten Röhren (Batterieröhren) üblich, weil dort keine automatische Gittervorspannungserzeugung möglich ist [63].

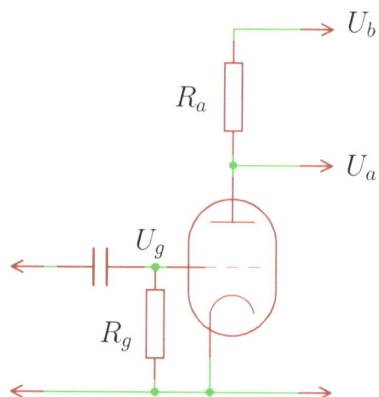

Abbildung 1.9: Bereitstellung der negativen Gittervorspannung mit Anlaufstrom

1.2.3   Wichtige Kenngrößen

In diesem Abschnitt werden die für die Verstärkung einer Röhrenstufe relevanten
Kennwerte erklärt. Die Kennwerte beziehen sich immer auf einen Arbeitspunkt.
Für den vom Hersteller vorgesehenen nominellen Arbeitspunkt sind diese Kennwerte im Datenblatt der jeweiligen Röhre bzw. in entsprechenden Handbüchern
zu finden [62, 67].

1.2.3.1   Steilheit

Die Steilheit ist das Verhältnis der Anodenstromänderung zur Gitterspannungsänderung bei fester Anodenspannung:

$$S = \frac{\mathrm{d}I_a}{\mathrm{d}U_g} \quad \text{für} \quad U_a = \text{konstant.} \tag{1.4}$$

Im Anodenstrom-Gitterspannungs-Kennlinienfeld kann die Steilheit als Anstieg
einer Geraden interpretiert werden, die durch den Arbeitspunkt verläuft und
sich tangential an die zur jeweiligen Anodenspannung gehörenden Kennlinie
anschmiegt. Als (Differential-)Quotient aus Strom und Spannung ist die Steilheit
ein elektrischer Leitwert, d. h. der Kehrwert des elektrischen Widerstands. Die
zugehörige abgeleitete SI-Einheit heißt Siemens: $1\,\mathrm{S} = 1\,\mathrm{A}/1\,\mathrm{V} = 1\,/\,\Omega$.

Im Fall des in Abschnitt 1.2.2 für $U_a = 18\,\mathrm{V}$ und $I_a = 0,4\,\mathrm{mA}$ ausgewählten
Arbeitspunktes der Triode EC92 erhält man die Steiheit $S \approx 1,79\,\mathrm{mA/V} =
1,79\,\mathrm{mS}$ (vgl. Abb. 1.10). Dieser Wert liegt deutlich unter der im Datenblatt
für $U_a = 250\,\mathrm{V}$ und $I_a = 10\,\mathrm{mA}$ angegebenen Steilheit von $S = 5,5\,\mathrm{mA/V} =
5,5\,\mathrm{mS}$ [62].

1.2.3.2   Innenwiderstand

In Abschnitt 1.2.2 wurde für die EC92 ein Arbeitspunkt mit der Anodenspannung
$U_a = 18$ V und dem Anodenstrom $I_a = 0,4\,\mathrm{mA}$ eingestellt. Damit hat die
Röhre in der Verbindung zwischen Anode und Kathode den Gleichstrominnen-
widerstand

$$R_i = \frac{U_a}{I_a} = \frac{18\,\mathrm{V}}{0,4\,\mathrm{mA}} = 45\,\mathrm{k\Omega}.$$

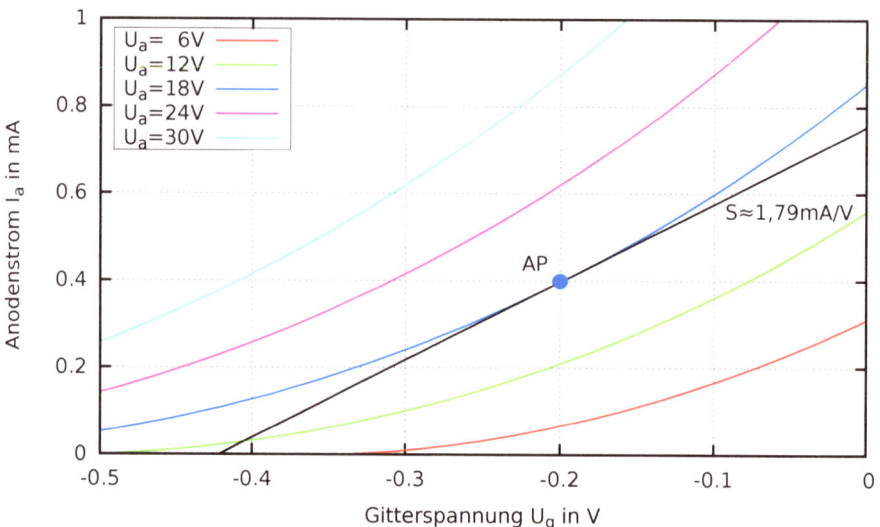

Abbildung 1.10: Steilheit S der EC92 im Anodenstrom-Gitterspannungs-Kennfeld

Für die Verstärkung einer Röhrenstufe ist jedoch der das Kleinsignalverhalten beschreibende differentielle Widerstand

$$r_i = \frac{\mathrm{d}U_a}{\mathrm{d}I_a} \quad \text{für} \quad U_g = \text{konstant} \tag{1.5}$$

von größerer Bedeutung. Den durch (1.5) definierten Widerstand nennt man auch Wechselstrominnenwiderstand. In den Beziehungen (1.1) bis (1.3) ist jedoch nicht die Anodenspannung in Abhängigkeit vom Anodenstrom, sondern der Anodenstrom in Abhängigkeit von der Anodenspannung definiert. Zur Bestimmung des Differentialquotienten (1.5) geht man daher zum Kehrwert über:

$$\frac{1}{r_i} = \frac{\mathrm{d}I_a}{\mathrm{d}U_a} \quad \text{bzw.} \quad r_i = \left(\frac{\mathrm{d}I_a}{\mathrm{d}U_a}\right)^{-1} \quad \text{für} \quad U_g = \text{konstant.} \tag{1.6}$$

Im vorliegenden Beispiel erhält man für das Modell (1.3) unter Hinzunahme der in Abschnitt 1.2.1 angegebenen Parameter näherungsweise den Wechselstrominnenwiderstand $r_i \approx 29,05\,\text{k}\Omega$. Der hier auf Basis von Messdaten für

niedrige Anodenspannungen ermittelte Innenwiderstand ist deutlich größer als
der vom Hersteller für $U_a = 250\,\text{V}$ und $U_g = -2\,\text{V}$ angegebene Wert von $r_i \approx$
$10,9 \ldots 11\,\text{k}\Omega$ [62].

Geometrisch lässt sich der Kehrwert des Wechselstrominnenwider-
stands (1.6) als Anstieg einer im Anodenstrom-Anodenspannungs-Kennfeld ver-
laufenden Geraden deuten, die durch den Arbeitspunkt verläuft und tangential
an der zur entsprechenden konstanten Gitterspannung U_g gehörenden Kennlinie anliegt. Diese Tangente ist dem in Abb. 1.11 angegebenen Kennlinienfeld
zu entnehmen. Zusätzlich wurde die den Gleichstrominnenwiderstand R_i beschreibende Gerade, die durch den Ursprung und den Arbeitspunkt verläuft,
eingezeichnet.

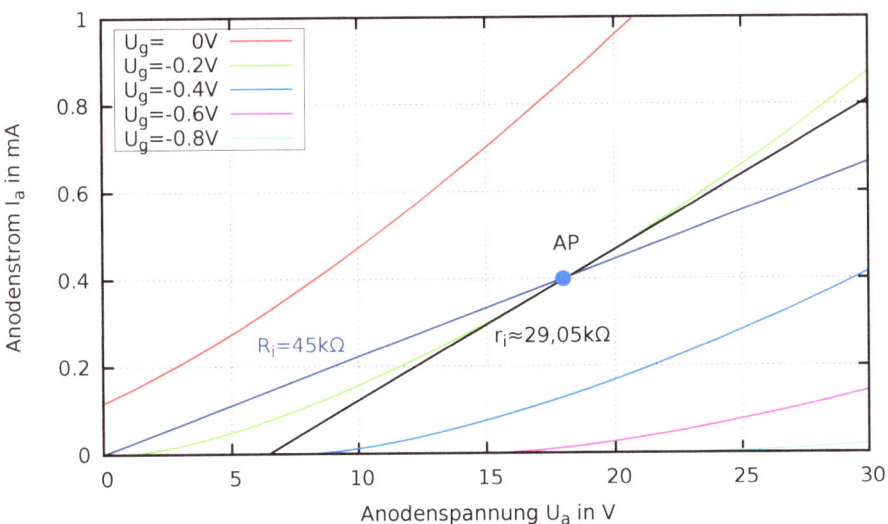

Abbildung 1.11: Gleichstromwiderstand R_i und Wechselstrominnenwiderstand r_i der EC92 im Anodenstrom-Anodenspannungs-Kennfeld

1.2.3.3 Durchgriff und Leerlaufverstärkung

Für die Auslegung von Verstärkerstufen zieht man außerdem die über Differentialquotienten definierten Größen

$$D = -\frac{\mathrm{d}U_g}{\mathrm{d}U_a} = \left|\frac{\mathrm{d}U_g}{\mathrm{d}U_a}\right| \quad \text{bzw.} \quad \mu = -\frac{\mathrm{d}U_a}{\mathrm{d}U_g} = \left|\frac{\mathrm{d}U_a}{\mathrm{d}U_g}\right| \quad \text{für} \quad I_a = \text{konstant} \quad (1.7)$$

heran. Der Durchgriff D beschreibt die Rückwirkung der Anodenspannung auf die Steuerwirkung der Gitterspannung (siehe Gl. (1.2) auf S. 5). Umgekehrt gibt die Leerlaufverstärkung μ das Verhältnis der Anodenspannungsänderung zur Gitterspannungsänderung an. Beide Größen sind dimensionslos, wobei der Durchgriff meist prozentual angegeben wird. Entsprechend der Definition (1.7) besteht zwischen beiden Größen der Zusammenhang

$$\mu = \frac{1}{D}, \qquad (1.8)$$

d. h. die Leerlaufverstärkung ist der Kehrwert des Durchgriffs.

Bei den in Abschnitt 1.2.1 vorgestellten Kennlinienfeldern können die Differentialquotienten (1.5) nicht als Tangente dargestellt werden. Allerdings kann man den Durchgriff und die Leerlaufverstärkung näherungsweise über Differenzenquotienten ermitteln:

$$D \approx \left|\frac{\Delta U_g}{\Delta U_a}\right| \quad \text{bzw.} \quad \mu \approx \left|\frac{\Delta U_a}{\Delta U_g}\right| \quad \text{für} \quad I_a = \text{konstant.} \quad (1.9)$$

Diese Differenzenquotienten kann man im Anodenstrom-Anodenspannungs-Kennlinienfeld ablesen (siehe Abb. 1.12). Von dem durch $I_a = 0,4\,\mathrm{mA}$ und $U_g = -0.2\,\mathrm{V}$ festgelegten Arbeitspunkt der EC92 geht man zunächst zu dem Punkt P1 über, der für die gegenüber dem Arbeitspunkt leicht modifizierte Gitterspannung $U_g = -0,1\,\mathrm{V}$ den vorgegebenen Anodenstrom $I_a = 0,4\,\mathrm{mA}$ einhält. Dort liest man die Anodenspannung $U_a \approx 13,06\,\mathrm{V}$ ab. In gleicher Weise geht man zum Punkt P2 über und liest für die Gitterspannung $U_g = -0.3\,\mathrm{V}$ die Anodenspannung $U_a \approx 23,50\,\mathrm{V}$ ab. Zusammen mit Gl. (1.9) erhält man die

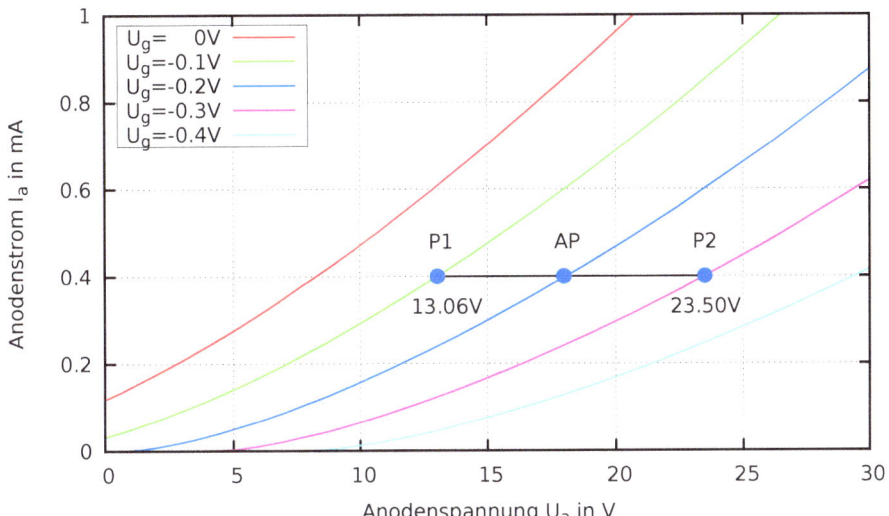

Abbildung 1.12: Näherungsweise Bestimmung von Durchgriff bzw. Leerlaufver-stärkung der EC92 im Anodenstrom-Anodenspannungs-Kennfeld

Leerlaufverstärkung

$$\mu \approx \left| \frac{23,50\,\text{V} - 13,06\,\text{V}}{-0,3\,\text{V} - (-0,1\text{V})} \right| = \frac{10,44}{0,2} = 52,2$$

bzw. den Durchgriff

$$D = \frac{1}{\mu} \approx \frac{1}{52,2} \approx 0,019 = 1,9\,\%.$$

Bei einer analytisch bekannten Röhrenkennlinie (z. B. nach Gl. (1.2) oder (1.3)) kann man Leerlaufverstärkung und Durchgriff auch direkt berechnen. Dazu bildet man vom Anodenstrom I_a entspr. Gl. (1.1) der totale Differential

$$dI_a = \frac{dI_a}{dU_a}\,dU_a + \frac{dI_a}{dU_g}\,dU_g = 0,$$

welches für konstanten Anodenstrom I_a identisch Null ist. Daraus ergibt sich unmittelbar die Beziehung

$$\mu = -\frac{\mathrm{d}U_a}{\mathrm{d}U_g} = \frac{\mathrm{d}U_a}{\mathrm{d}I_a} \cdot \frac{\mathrm{d}I_a}{\mathrm{d}U_g}.$$

Die auftretenden Differenzenquotienten kann man entspr. Gl. (1.4) und (1.5) durch die Steilheit bzw. den Wechselstrominnenwiderstand ersetzen und erhält

$$\mu = S \cdot r_i. \tag{1.10}$$

Zusammen mit Gl. (1.8) ergibt sich die nach Heinrich Barkhausen benannte Röhrenformel

$$S \cdot r_i \cdot D = 1, \tag{1.11}$$

siehe auch [13, § 18–19].

Aus den in Abschnitt 1.2.3.1 und 1.2.3.2 berechneten Werten für die Steilheit und den Innenwiderstand ermittelt man mit Gl. (1.10) die Leerlaufverstärkung $\mu \approx 1,79\,\mathrm{mS} \cdot 29,05\,\mathrm{k\Omega} \approx 52$, die gut mit dem durch Differenzenquotienten erhaltenen Wert übereinstimmt. Diese Leerlaufverstärkung liegt auch in der Größenordnung des herstellerseitig angegebenen Wertes von $\mu = 60$ [62]. Die geringere Steilheit wird in Gl. (1.10) weitgehend durch den größeren Wechselstrominnenwiderstand kompensiert.

1.3   Verstärkerschaltungen

1.3.1   Betriebsarten

Beim Aufbau einer Verstärkerstufe muss zunächst der Arbeitspunkt der jeweiligen Röhre festgelegt werden. Dabei haben sich mehrere, qualitativ unterschiedliche Varianten herausgebildet (siehe z. B. [22, S. 74-76]):

A-Betrieb: In diesem Fall liegt der Arbeitspunkt in einem näherungsweise linearen Bereich der Kennlinie. Diese Betriebsart ist bei praktisch allen Kleinsignalverstärkern bzw. Verstärkervorstufen anzutreffen, findet aber auch bei einfachen Endstufen bzw. Endstufen kleiner Leistung Verwendung.

B-Betrieb: Hier wählt man den Arbeitspunkt der Schaltung derart, dass bei einer angelegten Schwingung nur eine Halbwelle verstärkt wird. Der Arbeitspunkt liegt dabei im Fußpunkt der Anodenstrom-Gitterspannungs-Kennlinie. Den B-Betrieb setzt man bei Gegentaktverstärkern ein, wo jede Halbwelle über eine separate Stufe verstärkt wird. Der Gegentaktverstärker ist bei Endstufen üblich und erfordert zwei Röhren bzw. zwei Röhrensysteme.[2] Leistungspentoden werden daher im Handel auch oft als ein jeweils aufeinander abgestimmtes Paar (*matched pair*) angeboten.

AB-Betrieb: Bei einem Gegentakt-B-Verstärker müssen beide Stufen auch hinsichtlich ihrer Arbeitspunkteinstellung gut aufeinander abgestimmt sein, damit es beim Übergang zwischen beiden Halbwellen nicht zu Signalverzerrungen kommt. Diese Schwierigkeit kann man mit einem Gegentakt-AB-Verstärker, bei dem der Arbeitspunkt etwas mehr in Richtung des linearen Bereichs (A-Betrieb) verschoben wird, umgehen. Dabei erzeugt man einerseits einen sanften Übergang zwischen den Halbwellen, andererseits kann man Unsymmetrien zwischen den Halbwellen kompensieren (siehe Kapitel 5).

C-Betrieb: Beim C-Betrieb verwendet man eine so stark negative Gittervorspannung, dass der Anodenstrom im Arbeitspunkt praktisch vollständig unterbunden wird. Diese Betriebsart ist bei Sendeverstärkern verbreitet, wo ein sehr hoher Wirkungsgrad erzielt werden soll [14]. Bei Audioverstärkern ist der C-Betrieb nicht anzutreffen.

Abb. 1.13 (links) zeigt die Lage der Arbeitspunkte für den A-, B-, AB- und C-Betrieb in der Anodenstrom-Gitterspannungskennlinie.

1.3.2 Kleinsignal-Ersatzschaltungen

Die nachfolgenden Betrachtung beziehen sich auf den A-Betrieb einer Verstärkerstufe. Zur Beschreibung des Wechselspannungs- bzw. Kleinsignalverhaltens

---

[2]Es gibt auch einige (wenige) Verbundröhren, die zwei Leistungspentoden kombinieren. Ein bekanntes Beispiel ist die NF-Doppel-Leistungspentode ELL80, die für 2-Kanal- oder Gegentaktschaltungen vorgesehen ist. Die ECLL800 enthält zusätzlich eine Phasenumkehrtriode. Schaltungen mit diesen Röhren sind nach Kenntnis des Autors in [27] zu finden.

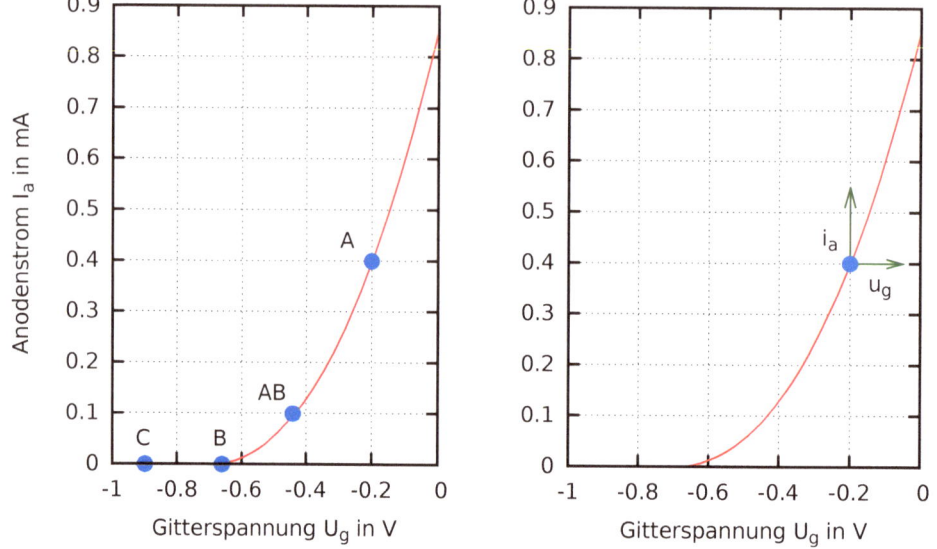

Abbildung 1.13: Anodenstrom-Gitterspanungskennlinie einer Triode EC92 mit $U_a = 18\,\mathrm{V}$, Arbeitspunkte für den A-, B-, AB- bzw. C-Betrieb (links), Beschreibung des Kleinsignalverhaltens durch Gitterspannungsänderung u_g und Anodenstromänderung i_a (rechts)

um den Arbeitspunkt werden die mit Kleinbuchstaben notierten Größen u_g und i_a eingeführt, die die Gitterspannungsänderung bzw. Anodenstromänderung gegenüber dem Arbeitspunkt beschreiben (siehe Abb. 1.13 (rechts)). Zwischen beiden Größen besteht im A-Betrieb näherungsweise ein linearer Zusammenhang, der sich mit der im jeweiligen Arbeitspunkt vorliegenden Steilheit S ausdrücken lässt:

$$i_a = S \cdot u_g \quad \text{für} \quad u_a = 0. \tag{1.12}$$

Aus schaltungstechnischer Sicht entspricht dieser Zusammenhang einer spannungsgesteuerten Stromquelle. Zusätzlich wurde bei Gl. (1.12) angenommen, dass die Anodenspannung U_a konstant bleibt, also keine Anodenspannungsänderung u_a vorliegt. Andererseits sind die Anodenstromänderung i_a und die Anodenspannungsänderung u_a über den Wechselstrominnenwiderstand r_i der Röhre verknüpft:

$$r_i \cdot i_a = u_a \quad \text{für} \quad u_g = 0. \tag{1.13}$$

Durch Verknüpfung der Gleichungen (1.12) und (1.13) erhält man die Beziehung

$$i_a = S \cdot u_g + \frac{1}{r_i} \cdot u_a, \tag{1.14}$$

welche die Abhängigkeit der Anodenstromänderung von Gitterspannungs-
bzw. Anodenspannungsänderung ausdrückt. Schaltungstechnisch lässt sich dieser Zusammenhang durch das in Abb. 1.14 (links) gezeigte Kleinsignal-
Ersatzschaltbild ausdrücken, das auch Kurzschluss-Ersatzschaltung genannt
wird [14, § 4].

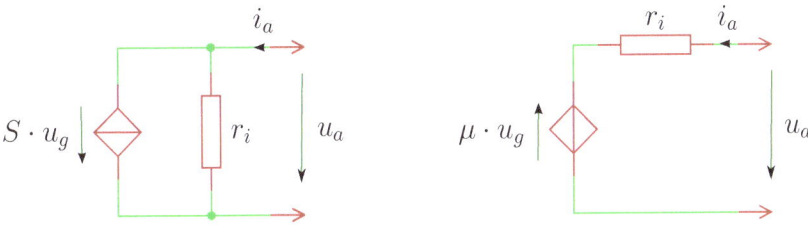

Abbildung 1.14: Kleinsignal-Ersatzschaltbilder einer Triode, Kurzschluss-
Ersatzschaltung (links), Leerlauf-Ersatzschaltung (rechts)

Bei der Auslegung bzw. Berechnung von Röhrenverstärkerstufen wird alternativ das in Abb. 1.14 (rechts) verwendete Ersatzschaltbild eingesetzt. Zur
Rechtfertigung dieses alternativen Modells löst man Gl. (1.14) nach u_a auf:

$$u_a = r_i \cdot (i_a - S \cdot u_g).$$

Unter Ausnutzung von Gl. (1.10) mit der Leerlaufverstärkung μ wird man auf
die Beziehung

$$u_a = -\mu \cdot u_g + r_i \cdot i_a$$

geführt, die sich schaltungstechnisch entsprechend Abb. 1.14 (rechts) als Reihen-
schaltung einer spannungsgesteuerten Spannungsquelle mit dem Wechselstrom-
innenwiderstand r_i interpretieren lässt. Dieses Ersatzschaltbild ist unter der
Bezeichnung Leerlauf-Ersatzschaltung bekannt. Beide in Abb. 1.14 gezeigten
Kleinsignalersatzschaltbilder weisen das gleiche Klemmenverhalten auf. Je nach
Aufgabenstellung kann es jedoch sinnvoller sein, mit dem einen bzw. anderen
Ersatzschaltbild zu rechnen.

1.3.3   Verstärkergrundschaltungen

In diesem Abschnitt werden einige Grundschaltungen für Audioverstärker mit
Trioden behandelt. Für detailliertere Darstellungen bzw. weitere Schaltungs-
varianten sei auf [28, 44, 59] verwiesen.

1.3.3.1   Kathodenbasisschaltung

Die Kathodenbasisschaltung stellt wahrscheinlich die verbreitetste Verstärkerschaltung auf Röhrenbasis dar. Eine Grundvariante dieser Verstärkerschaltung
ist Abb. 1.15 (links) zu entnehmen. Das Eingangssignal wird über einen Kondensator am Gitter eingespeist, über einen weiteren Kondensator an der Anode
wird das Ausgangssignal entnommen. Durch die zwei Kondensatoren ist die betrachtete Verstärkerstufe gleichspannungsseitig sowohl von der vorhergehenden
als auch von der nachfolgenden Stufe entkoppelt. Damit ist es möglich, den
Arbeitspunkt jeder Stufe einzeln einzustellen.

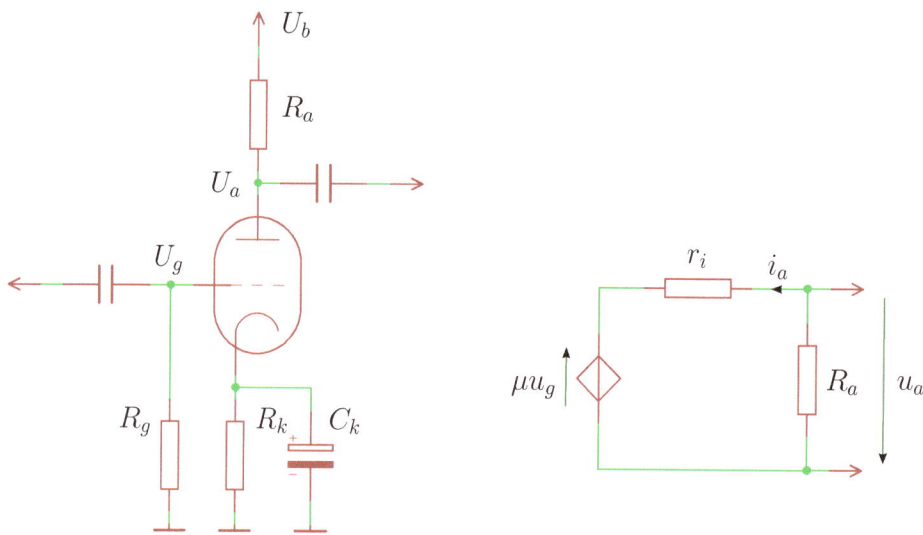

Abbildung 1.15: Verstärkerstufe in Kathodenbasisschaltung (links), vereinfach-
tes Kleinsignal-Ersatzschaltbild (rechts)

Bei der in Abb. 1.15 (links) gezeigten Stufe erfolgt die Arbeitspunkteinstellung durch eine automatische Gittervorspannungserzeugung mit Hilfe der

aus R_k und C_k bestehenden Kathodenkombination. Der Kathodenkondensator C_k ist dabei ausreichend groß zu wählen, so dass er in dem für das zu verstärkende Signal relevanten Frequenzbereich nahezu einen Kurzschluss darstellt. Damit wird der Kathodenwiderstand wechselspannungsseitig überbrückt und muss im Kleinsignal-Ersatzschaltbild nicht mehr berücksichtigt werden. Wechselspannungsseitig fallen zusätzlich Masse und Betriebsspannung zusammen. Bei einer eingangsseitig vorgegebenen Spannung kann man zusätzlich den (in der Regel ohnehin vergleichsweise großen) Gitterableitwiderstand R_g ignorieren. Das resultierende Wechselspannungs- bzw. Kleinsignal-Ersatzschaltbild ist Abb. 1.15 (rechts) zu entnehmen.

Nachfolgend soll die Verstärkung einer solchen Verstärkerstufe ermittelt werden. Am Ersatzschaltbild liest man die Maschengleichung

$$(r_i + R_a)\, i_a = \mu\, u_g$$

mit der Leerlaufverstärkung μ ab. Daraus ergibt sich unmittelbar der Anodenstrom

$$i_a = \frac{\mu}{r_i + R_a}\, u_g = \underbrace{\frac{r_i S}{r_i + R_a}}_{=:\, S_a}\, u_g,$$

der durch Gl. (1.10) auch mit der Steilheit S angegeben werden kann. Wie Gl. (1.7) stellt diese Beziehung eine Verbindung zwischen der Gitterspannung u_g und dem Anodenstrom i_a her, nur dass anstelle der Steilheit S jetzt die Arbeitssteilheit S_a auftritt. Die Arbeitssteilheit S_a ist immer kleiner als die Steilheit S. Für $R_a \to 0$ (Kurzschluss) geht die Arbeitssteilheit in die Steilheit über, d. h. $S_a \to S$.

Kennt man den Anodenstrom, dann kann man die Anodenspannung als Spannungsabfall über dem Anodenwiderstand R_a bestimmen:

$$u_a = -R_a i_a = -\underbrace{\frac{R_a \mu}{r_i + R_a}}_{=:\, \mu_a}\, u_g. \tag{1.15}$$

Dabei bezeichnet μ_a ist die sog. Arbeitsverstärkung, d. h. die Spannungsverstärkung dieser Verstärkerschaltung. Ähnlich wie bei der Steilheit ist die Arbeitsverstärkung μ_a immer kleiner als die Leerlaufverstärkung μ. Für $R_a \to \infty$ (Leerlauf) geht die Arbeitsverstärkung μ_a in die Leerlaufverstärkung über, d. h. $\mu_a \to \mu$. Das negative Vorzeichen in Gl. (1.15) bedeutet, dass die betrachtete Kathodenbasisschaltung eine invertierende Verstärkerschaltung ist.

1.3.3.2 Anodenbasisschaltung, Kathodenfolger

Abb. 1.16 (links) zeigt die Grundschaltung einer Röhrenstufe in Anodenbasisschaltung. Wie bei der Kathodenbasisschaltung wird das Eingangssignal am Gitter eingespeist, das Ausgangssignal wird jedoch an der Kathode abgegriffen. Aus diesem Grund spricht man auch von einem Kathodenfolger. Die Anode ist direkt mit der Betriebsspannung verbunden.

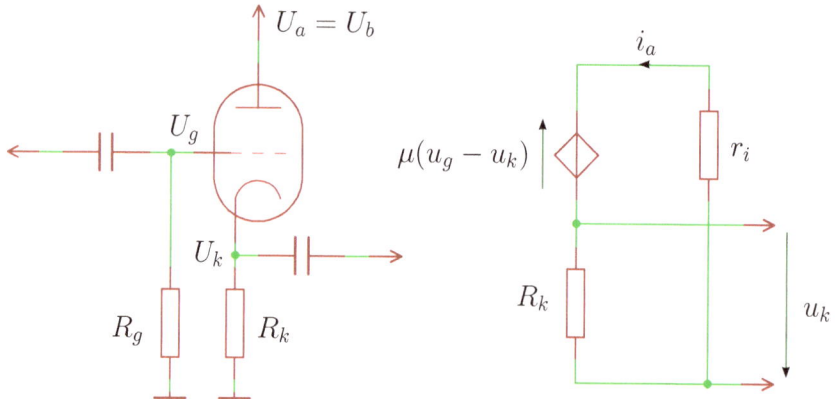

Abbildung 1.16: Verstärkerstufe in Anodenbasisschaltung (links), Kleinsignal-Ersatzschaltbild (rechts)

Aus dem Ersatzschaltbild in Abb. 1.16 (rechts) erhält man die Maschengleichung

$$u_k = \mu \left(u_g - u_k \right) - r_i i_a.$$

Dabei wird berücksichtigt, dass die Ausgangsspannung der spannungsgesteuerten Spannungsquelle im Ersatzschaltbild nach Abb. 1.14 (rechts) proportional zur Spannung zwischen Gitter und Kathode ist, in diesem Fall also zur Differenz $u_g - u_k$. Die Kathodenspannung u_k ergibt sich aus dem Spannungsabfall über dem Kathodenwiderstand u_k zu

$$u_k = R_k i_a.$$

Diese zwei Gleichungen kann man nach den zwei Unbekannten i_a und u_k auf-lösen. Zwischen der Eingangsspannung u_g und der Ausgangsspannung u_k besteht dabei die Beziehung

$$u_k = \frac{\mu R_k}{r_i + (1 + \mu)R_k} \, u_g, \qquad (1.16)$$

wobei für den Kathodenfolger die Arbeitsverstärkung

$$\mu_a := \frac{\mu R_k}{r_i + (1 + \mu)R_k} \qquad (1.17)$$

betragsmäßig immer kleiner als Eins ist. Für große Werte von μ bzw. R_k vereinfacht sich Gl. (1.17) zu

$$\mu_a \approx \frac{\mu}{1 + \mu}.$$

Da der Proportionalitätsfaktor zwischen u_g und u_k nach Gl. (1.16) positiv ist, handelt es sich beim Kathodenfolger um einen nichtinvertierenden Verstärker.

Geht man von einer stromlosen Steuerung der Röhre über das Gitter aus, dann hat die in Abb. 1.16 (links) angegebene Schaltung den Eingangswiderstand R_g. Mit der in Abb. 1.17 (links) gezeigten Schaltung, bei welcher der Gitterableitwiderstand nicht mit der Masse, sondern mit der Kathode verbunden ist, lässt sich der Eingangswiderstand deutlich erhöhen. Durch diese Schaltungsmodifikation ändert man allerdings auch die Gleichspannungsverhältnisse am Gitter, d. h. die Gittervorspannung. Die in Abb. 1.17 (links) angegebene Schaltungsanordnung erzeugt die Gittervor-spannung mittels Anlaufstrom. Bei der Anodenbasisschaltung ist auch eine automatische Gittervorspannungserzeugung möglich. Die entsprechende Schaltung ist in Abb. 1.17 (rechts) wiedergegeben. Die aus R_{k1} und C_k bestehende Kathodenkombination ist für die Erzeugung einer negativen Gittervorspannung zuständig. Da der Widerstand R_{k1} wechselspannungsseitig durch den Kondensator C_k überbrückt wird, spielt R_{k1} weder für die Verstärkung noch für den

Eingangswiderstand der Verstärkerschaltung eine Rolle. Diese Größen werden durch den zusätzlichen Kathodenwiderstand R_{k2} beeinflusst. Die genauen Zusammenhänge sind in [59, S. 67 ff.] angegeben.

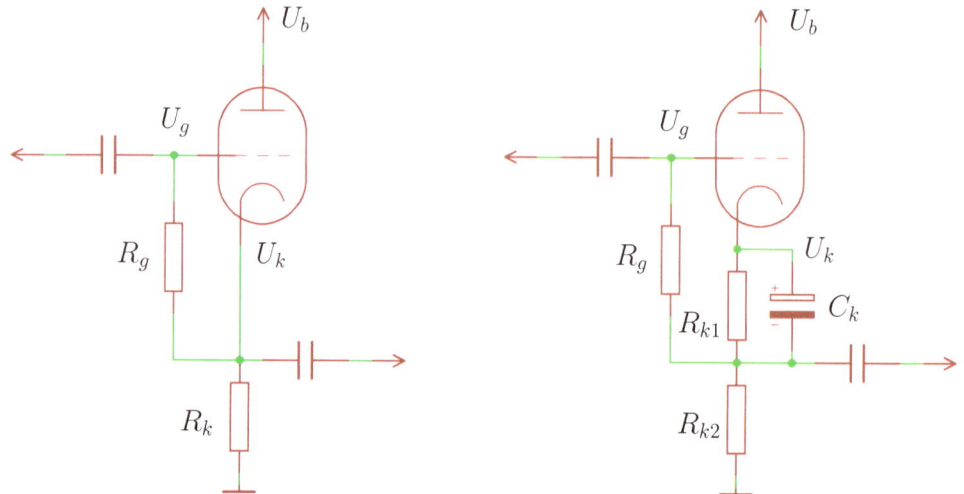

Abbildung 1.17: Alternative Ausführungen der Anodenbasisschaltung für hohen Eingangswiderstand (links) bzw. für automatisch erzeugte negative Gittervorspannung (rechts)

1.3.3.3   Kathodenbasisschaltung mit Gegenkopplung

Die Kathodenbasisschaltung mit Stromgegenkopplung kann man in gewisser Weise als Kombination der klassischen Kathodenbasisschaltung mit der Anodenbasisschaltung auffassen. Wie bei der Kathodenbasisschaltung ohne Stromgegenkopplung wird das Ausgangssignal an der Anode abgegriffen. Wie bei der Anodenbasisschaltung ist ein Kathodenwiderstand R_k vorzusehen, der nicht mit einem Kondensator überbrückt werden darf.

Anhand des in Abb. 1.18 (rechts) dargestellten Kleinsignal-Ersatzschaltbildes liest man die Maschengleichung

$$u_k = \mu \left(u_g - u_k \right) - \left(r_i + R_a \right) i_a$$

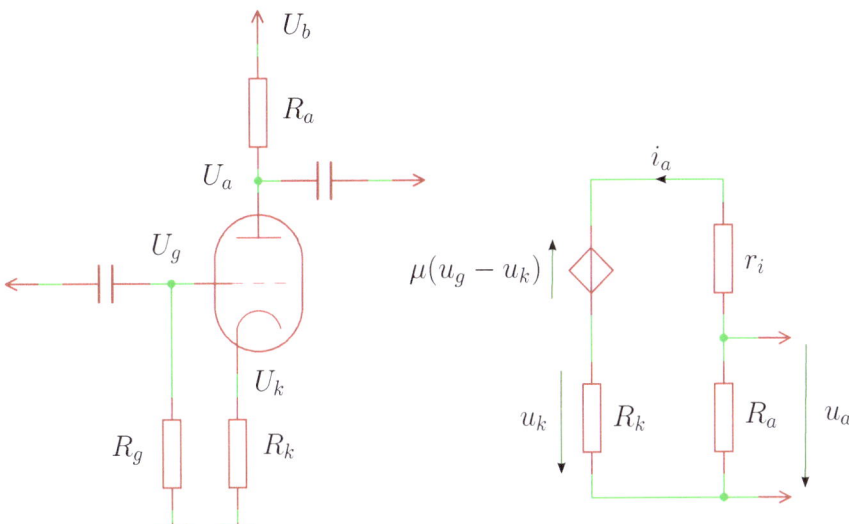

Abbildung 1.18: Verstärkerstufe in Kathodenbasisschaltung mit Stromgegen-kopplung (links), Kleinsignal-Ersatzschaltbild (rechts)

ab. Kathoden- bzw. Anodenspannung sind durch die Beziehungen

$$u_k = R_k i_a \quad \text{und} \quad u_a = -R_a i_a$$

gegeben. Aus diesen drei linearen Gleichungen kann man die drei Unbekann-ten i_a, u_k und u_a bestimmen. Dabei sind die Eingangsspannung u_g und die Ausgangsspannung u_a durch

$$u_a = -\frac{\mu R_a}{(\mu + 1)R_k + r_i + R_a} u_g \qquad (1.18)$$

verknüpft, woraus sich die Arbeitsverstärkung

$$\mu_a := \frac{\mu R_a}{(\mu + 1)R_k + r_i + R_a} \qquad (1.19)$$

ergibt. Für $R_k > 0$ ist diese Verstärkung immer kleiner als die in Gl. (1.15) angegebene Arbeitsverstärkung der Kathodenbasisschaltung ohne Stromgegen-kopplung. Für $R_k = 0$ stimmen die in Gln. (1.15) und (1.19) angegebenen Verstärkungen überein.

1.4   Pentoden

Neben dem bei der Triode vorhandenen Steuergitter besitzt die Pentode zwei weitere Gitter, nämlich das Schirmgitter und das Bremsgitter. In Schaltungen und Datenblättern werden die in der o. g. Reihenfolge angegebenen Gitter mit g_1, g_2 und g_3 gekennzeichnet. Abb. 1.19 (links) zeigt das Schaltbild einer Pentode mit den Bezeichnungen der Elektroden.

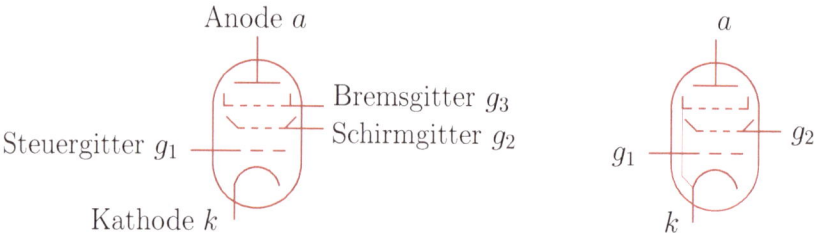

Abbildung 1.19: Schaltbild und Elektroden einer Pentode (links), Pentode mit interner Verbindung zwischen Bremsgitter und Kathode (rechts)

Das Schirmgitter g_2 wird typischerweise mit einer Spannung U_{g2} in der Größenordnung der Anodenspannung beaufschlagt. Damit werden einerseits die sich zwischen Kathode und Anode bewegenden Elektronen beschleunigt, andererseits wird die Rückwirkung der Anodenspannung auf die Steuerung der Röhre verringert. In Verallgemeinerung von Gl. (1.2) lässt sich nämlich der Einfluss der Gitterspannungen U_{g1} und U_{g2} auf den Anodenstrom I_a näherungsweise durch

$$
\begin{aligned}
I_a &= k \left(U_{g1} + D_1 \cdot (U_{g2} + D_2 \cdot U_a) \right)^{3/2} \\
&= k \left(U_{g1} + D_1 \cdot U_{g2} + D_1 \cdot D_2 \cdot U_a \right)^{3/2}
\end{aligned}
\tag{1.20}
$$

modellieren. Der Durchgriff D_1 beschreibt die Rückwirkung des Schirmgitters auf das Steuergitter, der Durchgriff D_2 die Rückwirkung der Anode auf das Schirmgitter. Der resultierende Durchgriff $D = D_1 \cdot D_2$ ist als Produkt zweier kleiner Zahlen noch kleiner. Zusätzlich wird durch das Schirmgitter der Wechselstrominnenwiderstand r_i vergrößert, so dass Pentoden im Allgemeinen über eine wesentlich größere Leerlaufverstärkung als Trioden verfügen.

Die durch die Schirmgitterspannung stark beschleunigten Elektronen können beim Auftreffen auf die Anode neue Elektronen aus dem Elektrodenmaterial

auslösen (Sekundärelektronen). Dieser Effekt wird durch das zwischen Schirmgitter und Anode angebrachte Bremsgitter g_3 vermieden, welches auf Masse
bzw. Kathodenpotential gelegt wird. Bei einigen Röhren, insbesondere dem
Pentodensystem von Verbundröhren, ist das Bremsgitter bereits intern mit der
Kathode verbunden (siehe Abb. 1.19 (rechts)).

Unter Beachtung der zusätzlichen Potentialverhältnisse an Schirm- und
Bremsgitter werden Verstärkerstufen mit Pentoden ähnlich wie mit Trioden
aufgebaut. Abb. 1.20 (links) zeigt eine solche Verstärkerstufe in Kathodenbasisschaltung ohne Rückkopplung. Die Vorspannungserzeugung des Steuergitters
erfolgt über R_{g1} mit Anlaufstrom. Das Schirmgitterpotential wird über R_{g2}
und C_{g2} bereitgestellt.

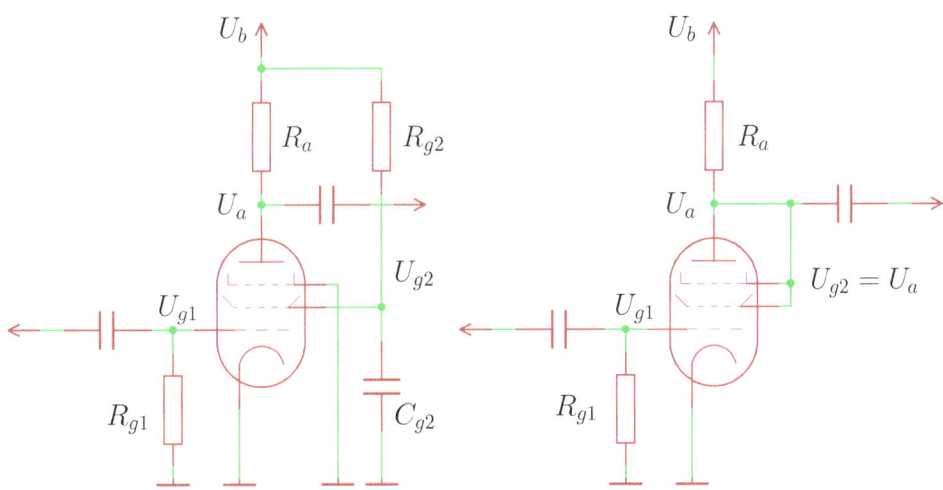

Abbildung 1.20: Verstärkerstufe mit einer Pentode in Kathodenbasisschaltung
(links), Betrieb der Pentode als Triode (rechts)

In bestimmten Situationen kann eine Pentode auch als Triode betrieben werden. Das betrifft beispielsweise den Einsatz der Niederspannungsröhre
EF98 als NF-Vorverstärker (vgl. Kapitel 2). Abb.1.20 (rechts) zeigt eine solche
Schaltungsanordnung, bei der Schirm- und Bremsgitter mit der Anode verbunden wurden. Diese Schaltungsvariante ist aber auch gelegentlich bei Endstufen
anzutreffen [23, 24, 41].

1.5 Hinweise zum Versuchsaufbau von Röhrenschaltungen

Für den Aufbau und die Erprobung von Röhrenschaltungen ist es hilfreich, über eine geeignete Experimentierplattform zu verfügen. Experimentierbretter für einzelne Röhren sind beispielsweise in [11, S. 94-95] und [48, S. 68-69] beschrieben. Dabei werden die Anschlüsse der Röhrenfassungen zu Telefonbuchsen herausgeführt, die Verdrahtung der Versuchsschaltungen erfolgt über Bananenstecker. Ein Versuchsbrettaufbau für Röhrenschaltungen in Chassismontage ist auch in [66, Abschntt 4.5] angegeben. Ebenfalls denkbar sind Experimentierleiterplatten, die Röhrenfassungen mit frei verfügbaren Lötpunkten bzw. Leiterbahnen kombinieren [42].

Für Versuchs- und Prototypaufbauten sind heutzutage Steckplatinen bzw. Labor-Steckboards (engl. *bread board*) üblich. Diese Boards erlauben den Aufbau von Schaltungen ohne zu löten. Die benötigen Bauelemente werden einfach auf die Boards gesteckt und mit Drähten bzw. Steckbrücken verbunden. Dazu verfügen diese Steckplatinen über zahlreiche Kontakte, die meist im $2,54\,\mathrm{mm}$-Raster angeordnet sind. Mit diesem Rastermaß sind diese Boards allerdings nicht unmittelbar für Röhreneinsatz, wo die Anschlüsse typischerweise kreisförmig angeordnet sind, vorgesehen. Eine Ausnahme bilden speziell für Röhren entwickelte Experimentiersysteme, bei denen Röhrenfassungen mit einem gängigen Steckboard gekoppelt sind [8, 9]. Anwendungen dieser Technik werden beispielsweise in [46, 47] beschrieben.

Für den Aufbau von Röhrenversuchsschaltungen auf Steckplatinen kann man sich auch leicht selber Röhrenadapter bauen. Im einfachsten Fall nutzt man eine Streifenleiterplatte, aus der man einen passenden Ausschnitt heraussägt. Der Kontakt zum Steckboard lässt sich mit einer Stiftleiste herstellen. Die entsprechenden Anschüsse sind dann durch isolierte Drähte mit einer Röhrenfassung zu verbinden. Abb. 1.21 (links) zeigt verschiedene Aufbaustufen eines solchen Adapters für Röhren mit 9-poligem Novalsockel. Man kann für einen derartigen Adapter allerdings auch eine spezielle Leiterplatte entwerfen (siehe Abb. 1.21 (rechts)).

Abbildung 1.21: Röhrenadapter für Steckplatinen, einfacher Aufbau mit Streifenleiterplatte (links), Aufbau mit dedizierter Leiterplatte (rechts)

Kapitel 2

Verstärker für 1 W mit Niederspannungsröhren

2.1   Niederspannungsröhren

Bei röhrenbasierten Autoradios ließ sich die Heizspannung gut mit dem ohnehin im Kraftfahrzeug vorhandenen Bleiakkumulator bereitstellen. Zur Erzeugung der Anodenspannung wurde ein sogenannter Zerhacker eingesetzt, d. h. ein elektromechanischer Spannungswandler, der einerseits einen hohen Verschleiß auswies, andererseits auch erhebliche Störungen generierte. Mit den Mitte der fünfziger Jahren verfügbaren Transistoren konnte man zwar (vergleichsweise leistungsschwache) NF-Verstärker aufbauen, für das Empfangsteil blieben aber zunächst Röhren unverzichtbar. Um zumindest den Zerhacker einsparen zu können, wurden spezielle Niederspannungsröhren entwickelt, die schon mit Anodenspannungen von $6,3\,\text{V}$ bzw. $12,6\,\text{V}$ betrieben werden können. Tab. 2.1 gibt einen Überblick über die in Westdeutschland gebräuchlichen Niederspannungsröhren [2–4,19].

Die Röhren EBF83 und ECH83 wurden für Aufgaben im Empfangsteil entwickelt (Demodulation bzw. Mischung) und werden daher im Folgenden nicht weiter betrachtet. Die eigentlich für den UKW-Bereich vorgesehene Doppeltriode ECC86 erfreute sich in den letzten Jahren großer Beliebtheit beim Aufbau einfacher AM-Empfängerschaltungen für Kurz- und Mittelwelle (siehe [45, S. 108] bzw. [36, Abschnitt 6.4]). Auch für den Einsatz in NF-Vorverstärkern

Tabelle 2.1: Niederspannungsröhren

Röhre	Einsatzbereich
EBF83	ZF-Regelpentode mit Duodiode zur Demodulation
ECC86	Doppeltriode für UKW-Eingangsteil
ECH83	Mischheptode mit Triode für Oszillator
EF97	ZF-Regelpentode
EF98	Pentode für ZF- bzw. NF-Verstärker oder Oszillator

wäre diese Röhre sicherlich interessant. Leider wird die ECC86 nicht mehr hergestellt und ist mitterweile nur noch schwer zu beschaffen bzw. dementsprechend
teuer [46].

Anders sieht die Situation bei den Pentoden EF97 und EF98 aus. Beide Röhren waren zum Zeitpunkt der Manuskripterstellung ohne Probleme bei Conrad
zu bestellen (Best.-Nr. 157373-62 bzw. 157374-62). Die EF97 ist eine Regelpentode, d. h. sie besitzt eine stark gekrümmte Kennlinie und ist daher für
NF-Verstärker grundsätzlich nicht zu empfehlen.[1] Die Pentode EF98, die auch
gern für Audion-Empfangsschaltungen eingesetzt wird (vgl. [45, Abschnitt 9.4]
und [35, Abschnitt 7.1]), soll in den nachfolgenden Abschnitten als Vorverstär-
kerröhre Verwendung finden.

2.2   Verstärker mit EF98 und LM386

Für das erste Projekt wird der sehr verbreitete NF-Verstärkerschaltkreis LM386
verwendet. Dieser integrierte Schaltkreis (engl. *integrated circuit*, kurz IC) wird
in verschiedenen Varianten, die sich hinsichtlich der Betriebsspannung und der
Ausgangsleistung unterscheiden, hergestellt (siehe Tab. 2.2). Die nachfolgend
beschriebene Schaltung funktioniert mit allen drei Ausführungen. Zusätzlich
stehen verschiedene Gehäuseformen zur Verfügung, wobei für einen einfachen
Aufbau die 8-polige Dual In-Line Package Ausführung (DIL8) herangezogen
wird.

Abb. 2.1 zeigt das Schaltbild des 1 W-Verstärkers. Der LM386 wird als

---

[1]Es wäre allerdings denkbar, die gekrümmte Kennlinie der EF97 zur gezielten Erzeugung gerader Harmonischer zu nutzen und die Röhre beispielsweise in einem Gitarrenvorverstärker einzusetzen. In diesem Sinne
könnte man sich auch die Verwendung der in der Verbundröhre EBF83 vorhandenen Regelpentode vorstellen.

Tabelle 2.2: Varianten des Verstärkerschaltkreises LM386 [54]

IC	Betriebsspannung in V	Ausgangsleistung in mW
LM386N-1	$4 \ldots 12$	$250 \ldots 325$
LM386N-3	$4 \ldots 12$	$500 \ldots 700$
LM386N-4	$5 \ldots 18$	$700 \ldots 1000$

nichtinvertierender Verstärker betrieben. Die angegebene Schaltung entspricht im Wesentlichen der im Datenblatt angegebenen Standardbeschaltung [54]. Mit dem Schalter S lässt sich die Verstärkung grob einstellen. Bei offenem Schalter erzielt man den Spannungsverstärkungsfaktor 20, bei geschlossenem Schalter den Faktor 200. Ist der gewünschte Verstärkungsfaktor von vornherein bekannt, so kann man den Kondensator C_6 entweder weglassen oder fest einlöten.

Die bereits beim LM386 verwendete Betriebsspannung $U_b = 6\,\mathrm{V}$ wird bei der Niederspannungsröhre EF98 sowohl zur Heizung als auch zur anodenseitigen Versorgung genutzt. Die Kombination von EF98 und LM386 ist gerade bei Empfängerschaltungen beliebt [9]. Für den Einsatz der Röhre als NF-Vorverstärker sind Schirm- und Bremsgitter mit der Anode zu verbinden [2]. Dadurch wird die Röhre nicht als Pentode, sondern als Triode betrieben. Die in Abb. 2.1 dargestellte Röhrenvorstufe ist als Kathodenbasisschaltung ausgeführt. Die Gittervorspannungserzeugung erfolgt über R_1 durch Anlaufstrom. Zusammen mit dem $2,2\,\mathrm{k\Omega}$ Anodenwiderstand R_2 erreicht man einen Verstärkungsfaktor $\mu_a \approx 2$. Mit C_1 bzw. C_2 wird die Röhrenstufe gleichspannungsmäßig vom Signaleingang bzw. der Verstärkerstufe mit dem LM386 entkoppelt. Die Lautstärke lässt sich über ein logarithmisches $100\,\mathrm{k\Omega}$- bzw. $220\,\mathrm{k\Omega}$-Potentiometer einstellen.

Bei geringen Aussteuerungen macht sich die nichtlinearen Kennlinie der Röhre kaum bemerkbar, wodurch nahezu keine Signalverzerrungen auftreten. Will man dagegen bewusst die Verzerrungen der Röhrenkennlinie zur Klangveränderung heranziehen, bietet sich eine andere Schaltungstopologie an. Bei den in Abb. 2.2 gezeigten Schaltungen wird das Eingangssignal ungedämpft dem Gitter zugeführt. Bei einem hohen Eingangssignalpegel ist dann mit Verzerrungen zu rechnen. Die Lautstärkeeinstellung (und die damit einhergehende Reduktion des Signalpegels) erfolgt erst am Ausgang bzw. nach der Röhrenstufe.

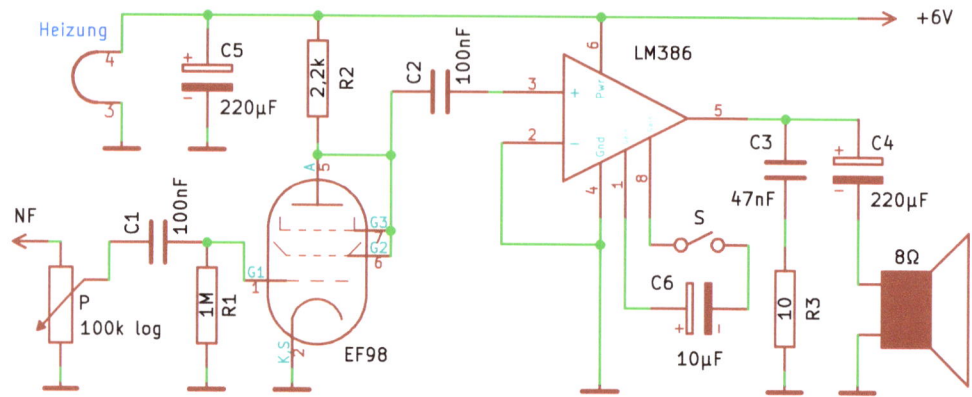

Abbildung 2.1: Schaltbild des 1 W-Verstärkers mit LM386 und EF98

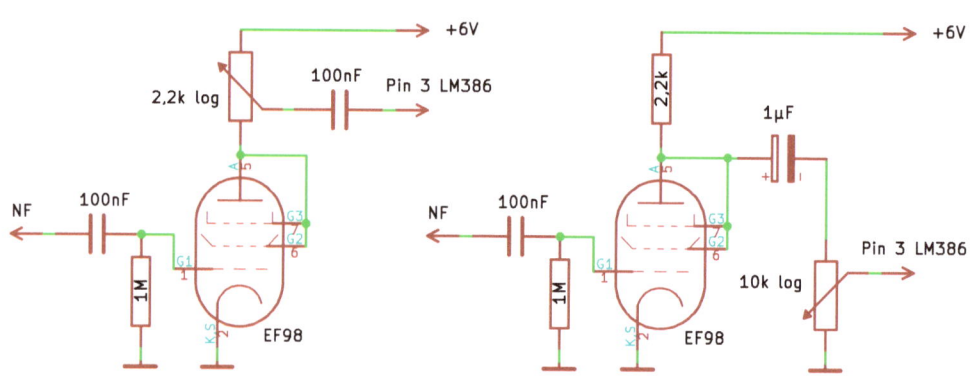

Abbildung 2.2: Alternative Schaltungstopologien für die Vorstufe des 1 W-Verstärkers mit Lautstärkeeinstellung im Anodenstromkreis (links) bzw. am IC-Eingang (rechts)

2.3 Verstärker mit EF98 und TDA7052A

Der Verstärkerschaltkreis TDA7052A erfreut sich ebenfalls einer großen Verbreitung. Die Verstärkung des TDA7052A ist auf $35,5\,$dB eingestellt [5,58]. Das entspricht einem Spannungsverstärkungsfaktor von $10^{\frac{35,5}{20}} = 10^{1,775} \approx 60$. Allerdings weist der TDA7052A eine vergleichsweise geringe Eingangsimpedanz von ca. $20\,$kΩ auf und ist daher nicht für an Anschluss an hochohmige Signalquellen geeignet. Bei der in Abb. 2.3 gezeigten Schaltung dient die wieder als Triode betriebene EF98 nur zur Impedanzanpassung, nicht zur Verstärkung. Die Röhrenvorstufe ist als Kathodenfolger ausgelegt (d. h. in Anodenbasisschaltung), wodurch eine sehr hohe Eingangsimpedanz gewährleistet wird. Die Verstärkung dieser Stufe ist immer kleiner eins. Im Versuchsaufbau wurde der Verstärkungsfaktor $\mu_a = 0,67$ ermittelt. Damit ergibt sich für die gesamte Schaltung ein maximaler Verstärkungsfaktor $\mu_{\text{ges}} \approx 40$.

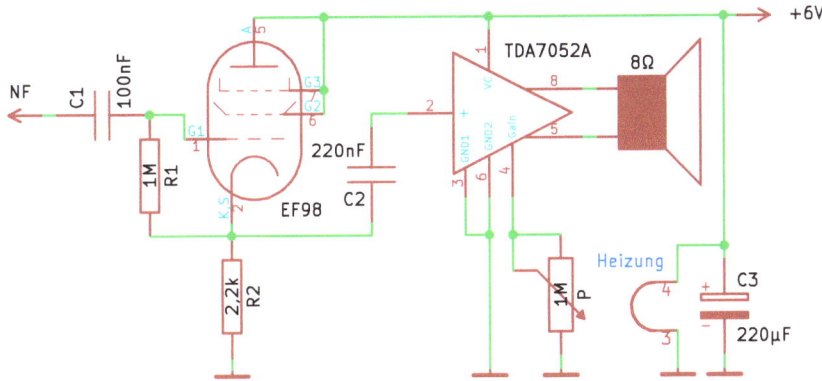

Abbildung 2.3: Schaltbild des 1 W-Verstärkers mit TDA7052A und EF98

Der Schaltkreis TDA7052A verfügt (im Gegensatz zu seinem Vorgänger TDA7052) über eine integrierte Lautstärkeeinstellung. Das hat den Vorteil, dass die Kabel zum Lautstärkepotentiometer P praktisch unempfindlich hinsichtlich Störeinstreuungen sind. Abb. 2.4 zeigt einen Prototypaufbau der beschriebenen Verstärkerschaltung.

Abbildung 2.4: Prototypaufbau des Monoverstärkers mit TDA7052A und EF98

Kapitel 3

Stereoverstärker für 2 x 6 W mit Doppeltriode

3.1 Endstufe mit TDA1519

In diesem Kapitel wird der Schaltkreis TDA1519 eingesetzt. Dieser Stereo-verstärkerschaltkreis beinhaltet zwei Leistungsoperationsverstärker, deren nichtinvertierende Eingänge herausgeführt wurden [56]. Bei den Schaltkreis-varianten TDA1519A, TDA1519B und TDA1519C steht dagegen von einem Operationsverstärker der nichtinvertierende, vom anderen Operations-verstärker der invertierende Eingang zur Verfügung [57]. Dadurch kann man beide Operationsverstärker zu einem Verstärker in Brückenschaltung mit dop-pelter Leistung zusammenfassen (siehe Abschnitt 3.4.3). Die maximale NF-Ausgangsleistung der verschiedenen Varianten des TDA1519 ist in Tab. 3.1 aufgeführt. Die genannten Schaltkreise werden teilweise auch in verschiedenen Bauformen hergestellt. Im Folgenden wird die 9-polige Single In-Line Package Variante (SIL9) eingesetzt, die (je nach Verlustleistung in zwei verschiedenen Untervarianten) für alle der genannten Schaltkreise verfügbar ist.

Der Schaltkreis TDA1519 ist für eine Betriebsspannung im Bereich von $6\ldots17\,\mathrm{V}$ vorgesehen. Für die Kombination mit einer Doppeltriode wird die Betriebsspannung auf $12\,\mathrm{V}$ festgelegt. Die Impedanz der Lautsprecher sollte im Bereich von $2\ldots8\,\Omega$ liegen. Die Spannungsverstärkung ist mit $40\,\mathrm{dB}$ angegeben. Das entspricht dem Verstärkungsfaktor $10^{\frac{40}{20}} = 10^2 = 100$. Mit einer Betriebs-

Tabelle 3.1: NF-Ausgangsleistung verschiedener Varianten des ICs TDA1519

IC	Stereobetrieb	Brückenschaltung
TDA1519	$2 \times 6\,\mathrm{W}$	—
TDA1519A	$2 \times 11\,\mathrm{W}$	$1 \times 22\,\mathrm{W}$
TDA1519B	$2 \times 6\,\mathrm{W}$	$1 \times 12\,\mathrm{W}$
TDA1519C	$2 \times 11\,\mathrm{W}$	$1 \times 22\,\mathrm{W}$

spannung von 12 V sollte die maximale Ausgangsspannung einen Spitze-Spitze-Wert von 10 V kaum überschreiten[1], d. h. die Amplitude liegt bei maximal 5 V. In Verbindung mit dem o. g. Verstärkungsfaktor ist für das Eingangssignal mit einer maximalen Amplitude von ca. $5\,\mathrm{V}/100 = 50\,\mathrm{mV}$ zu rechnen. Für die Eingangsimpedanz wird der Wert $60\,\mathrm{k}\Omega$ aufgeführt.

Abb. 3.1 zeigt die Schaltung der IC-Endstufe. Diese Endstufe entspricht der im Datenblatt angegebenen Beschaltung, die um zwei LEDs zur Anzeige des Betriebszustands ergänzt wurde. Beim Einsatz verschiedenfarbiger Leuchtdioden ist es empfehlenswert, die Widerstandswerte von R_1 und R_2 so anzupassen, dass beide LEDs etwa gleiche Helligkeit aufweisen. Im Versuchsaufbau wurde für die Betriebsspannungsanzeige D_1 eine rote LED mit 5 mm Durchmesser zusammen mit dem Vorwiderstand $R_1 = 10\,\mathrm{k}\Omega$ verwendet. Für D_2 wurde eine grüne 5 mm-LED eingesetzt, die erst bei einem deutlich kleineren Vorwiderstand $R_2 = 5,1\,\mathrm{k}\Omega$ subjektiv gleiche Helligkeit aufwies.

Der von Conrad angebotene 2 x 10 W Stereo-Verstärker-Bausatz (Best.-Nr. 115592-62) greift ebenfalls auf die vom Hersteller vorgegebene Standardbeschaltung zurück, legt aber Pin 7 und 8 zusammen, so dass auf die Stummschaltung verzichtet wird. Wünscht man dennoch die Möglichkeit einer Stummschaltung, muss man den Leiterzug entsprechend durchritzen.

Die Polarität der anzuschließenden Lautsprecher wird vom verwendeten Schaltkreis bestimmt. Im Fall des TDA1519 sind beide Lautsprecher mit gleicher Polarität anzuschließen. Bei der Schaltkreisen TDA1519A, TDA1519B und TDA1519C sind beide Ausgangssignale zueinander invertiert, weshalb die Lautsprecher in unterschiedlicher Polarität anzuschließen sind. Dieser Sachverhalt ist

---

[1]Bei einer sehr starken Auslenkung ist mit deutlichen Verzerrungen, d. h. einem großen Kirrfaktor, zu rechnen.

in Abb. 3.2 dargestellt.

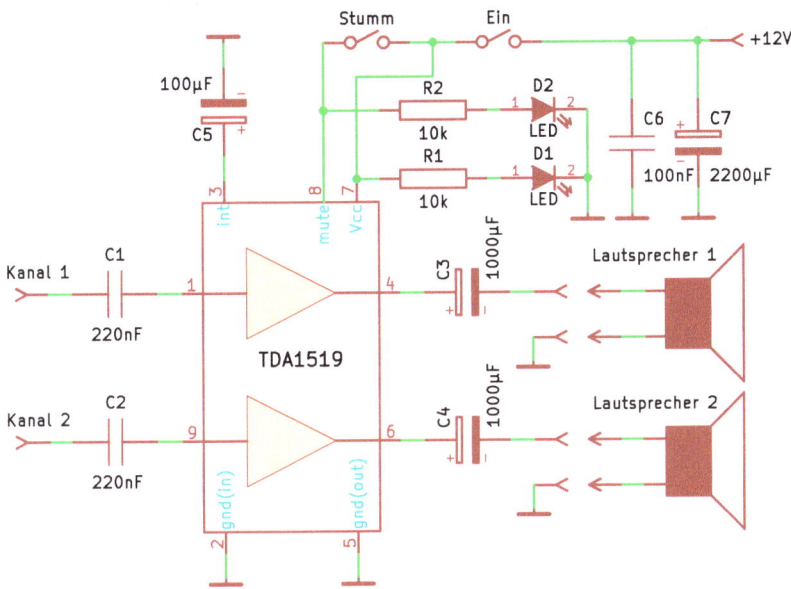

Abbildung 3.1: Stereoendstufe mit TDA1519

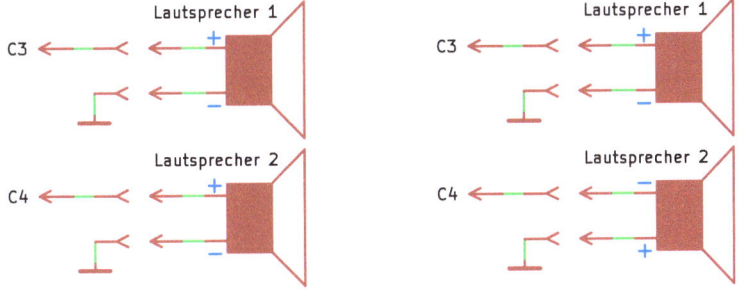

Abbildung 3.2: Gleiche Polarität der Lautsprecher für TDA1519 (links) bzw. unterschiedliche Polarität für TDA1519A, TDA1519B und TDA1519C (rechts)

3.2 Vorstufe mit ECC82

Die Röhrenvorstufe soll mit Trioden aufgebaut werden. Für den Aufbau eines Stereovorverstärkers ist es naheliegend, Doppeltrioden einzusetzen, so dass man für jeden Kanal eine Triode zur Verfügung hat. Gängige Doppeltrioden sind die Röhren ECC81, ECC82 und ECC83. Diese Röhren bestehen aus zwei identisch aufgebauten Triodensystemen. Die drei Röhrentypen besitzen einen 9-poligen Novalsockel mit jeweils gleicher Anschlussbelegung.

Als Röhren der E-Serie sind die Röhren ECC81-83 primär für eine Heizspannung von $6,3\,\text{V}$ bei einem Heizstrom von $300\,\text{mA}$ ausgelegt. In diesem Fall sind die Heizfäden der zwei Röhrensysteme parallelgeschaltet (siehe Abb. 3.3). Allerdings besteht auch die Möglichkeit, die Heizfäden in Reihe zu schalten. Dies führt auf eine Heizspannung von $12,6\,\text{V}$ bei einem Heizstrombedarf von $150\,\text{mA}$. Es bietet sich also an, die Röhre mit der schon vom Schaltkreis benötigten Spannung von $12\,\text{V}$ zu heizen oder den Schaltkreis ebenfalls mit der etwas höheren Spannung von $12,6\,\text{V}$ zu versorgen.

Abbildung 3.3: Heizung der Röhren ECC81-83, Parallelschaltung der Heizfäden (links), Reihenschaltung (rechts)

Die Röhren ECC81 und ECC82 sind für den Einsatz im HF-Bereich vorgesehen. Die ECC83 ist dagegen eine dedizierte NF-Röhre, die einen hohen Innenwiderstand und eine große Leerlaufverstärkung aufweist (siehe Tab. 3.2). Tatsächlich ist die ECC83 sowohl im klassischen Audiobereich als auch bei Gitarrenvorverstärkern sehr beliebt [18, 39].

Tabelle 3.2: Ausgewählte nominelle Kennzahlen der Röhren ECC81, ECC82 und ECC83 bei einer Anodenspannung von $U_a = 250\,\text{V}$ [62, 67]

	ECC81	ECC82	ECC83
Steilheit S in mA/V	$5,5$	$2,2$	$1,6$
Innenwiderstand r_i in kΩ	$10,9\ldots11$	$7,7$	$62,5$
Leerlaufverstärkung μ	60	17	100
Gittervorspannung U_g in V	-2	-4	-2

In der hier behandelten Schaltung soll die Betriebsspannung von $12\,\text{V}$ auch zur anodenseitigen Spannungsversorgung genutzt werden. Abb. 3.4 zeigt eine einfache Testschaltung zur Auswahl bzw. Auslegung der Triodenvorstufe. Es handelt sich dabei um eine Kathodenbasisschaltung. Die Erzeugung der negativen Gittervorspannung erfolgt durch Anlaufstrom. Für den Gitterableitwiderstand R_g wurde zunächst ein Wert von $1\,\text{M}\Omega$ angesetzt. Die Eingangsimpedanz der nachfolgenden Verstärkerstufe (mit dem TDA1519) lässt sich durch einen kapazitiv entkoppelten $62\,\text{k}\Omega$-Widerstand nachbilden. Am Eingang wurde eine Sinusschwingung mit einer Amplitude von $50\,\text{mV}$ und einer Frequenz von $1\,\text{kHz}$ angelegt. An der Anode erfolgte sowohl die Messung der Gleich- als auch der Wechselspannung. Aus der anodenseitig gemessenen Wechselspannung wurde die Spannungsverstärkung μ_a bestimmt.

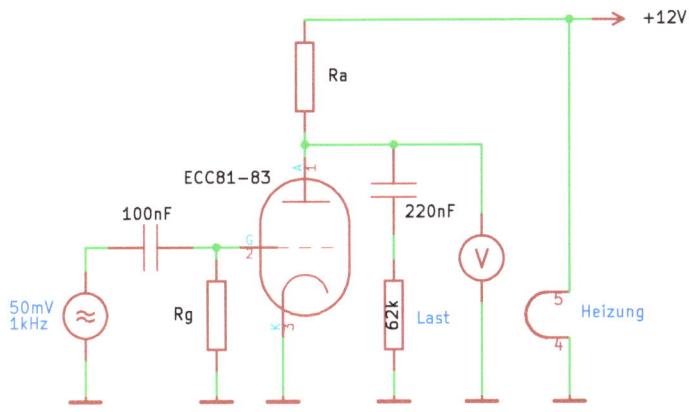

Abbildung 3.4: Testschaltung für Auswahl und Auslegung der Triodenvorstufe

Abb. 3.5 zeigt die mit der Testschaltung aus Abb. 3.4 erzielten Messergebnisse. Die ermittelten Werte der Spannungsverstärkung liegen deutlich unter den für den regulären Betriebsfall (mit $U_a = 250\,\text{V}$) zu erwartenden Werten.[2] Die geringste Verstärkung erzielt die ECC83. Dieses Ergebnis ist konsistent mit der Feststellung anderer Autoren, dass die ECC83 nicht für niedrige Anodenspannungen im Bereich von $12\,\text{V}$ geeignet ist [45, S. 31-32]. Zudem liegt die Anodenspannung U_a bei der ECC83 sehr dicht an der Betriebsspannung. Das

---

[2]Der für die Verstärkung der jeweiligen Röhre relevante Wechselstromanodenwiderstand ergibt sich aus der Parallelschaltung des ohmschen Anodenwiderstandes R_a mit der Eingangsimpedanz des ICs von $60\,\text{k}\Omega$. Für $R_a = 10\,\text{k}\Omega$ kommt man auf einen Wechselstromwiderstand von $r_a \approx 8,57\,\text{k}\Omega$. In Verbindung mit den in Tab. 3.2 angegebenen Werten für den Wechselstrominnenwiderstand r_i bzw. die Steilheit S kommt man bei den Röhren ECC81, ECC82 bzw. ECC83 auf Verstärkungsfaktoren von $\mu_a \approx 26$, $\mu_a \approx 8,9$ bzw. $\mu_a \approx 12$.

kann bei starken Auslenkungen zu Verzerrungen führen. Für die weiteren Betrachtungen wurde die Röhre ECC82 ausgewählt, bei der auch im Vergleich mit der ECC81 die niedrigste Anodenspannung auftrat. Auf der anderen Seite soll die Röhrenvorstufe auch keine sehr große Verstärkung erzielen, sondern eher das für Röhrenverstärker charakteristische Klangbild einprägen. Daher wurde für den Anodenwiderstand der Wert von $R_a = 10\,\text{k}\Omega$ angesetzt, bei dem immerhin noch ein Verstärkungsfaktor von $\mu_a \approx 4$ erzielt wird.

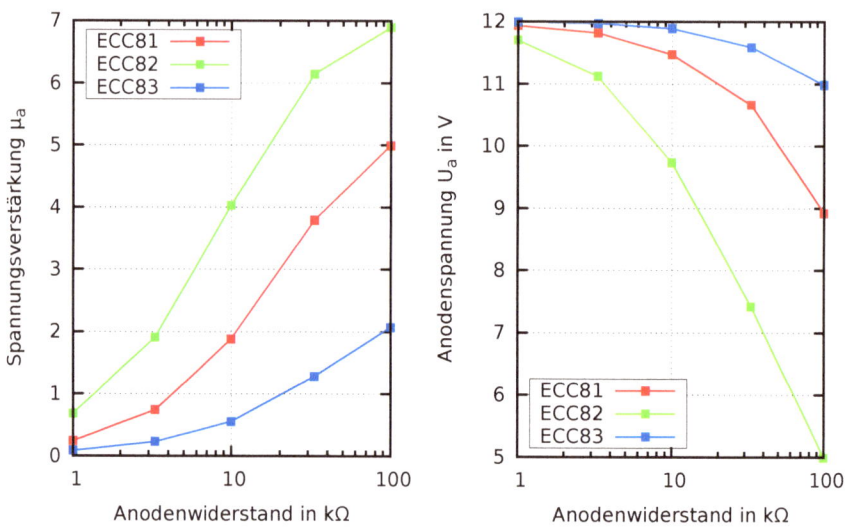

Abbildung 3.5: Messergebnisse der Triodenvorstufe

Für die Messung der am Gitter anliegenden Spannung muss ein sehr hochohmiges Voltmeter eingesetzt werden. In der Versuchsreihe wurde für die ECC81 eine Gitterspannung von $U_g \approx -0,6\,\text{V}$ gemessen, für die ECC82 $U_g \approx -0,3\,\text{V}$ und für die ECC83 $U_g \approx -0,5\,\text{V}$. Für den Niederspannungsbetrieb weisen die Röhren ECC81 und ECC83 eine stark negative Gittervorspannung auf, so dass in diesen Fällen aufgrund der Krümmung der Anodenstrom-Gitterspannungs-Kennlinie mit Verzerrungen zu rechnen ist. Da die Schaltung für Auslenkungen unter $100\,\text{mV}$ ausgelegt ist, bleibt bei der ECC82 auch im Fall maximaler positiver Auslenkung die resultierende Gitterspannung negativ. Daher besteht kein Bedarf, eine automatische Gittervorspannungserzeugung für eine weitere Absenkung der Gittervorspannung einzusetzen. Ebenso ist es nicht sinnvoll, den Gitterableitwiderstand von $R_g = 1\,\text{M}\Omega$ weiter zu vergrößern, da diese Maßnahme auch zu einer stärker negativen Gittervorspannung führt.[3] Alternativ zu dem auf Masse gelegten Gitterableitwiderstand wird beispielsweise in [15, 45] vorgeschlagen, den Gitterableitwiderstand auf die Anodenspannung zu legen (vgl. Abb. 3.6 (links)). Im Versuch wurde eine positive Gittervorspannung $U_g \approx +100\,\text{mV}$ gemessen. Diese Verschiebung des Arbeitspunktes führte auch zu einem größeren Verstärkungsfaktor von $\mu_a \approx 7$. Allerdings erfolgt bei $U_g > 0$ keine (nahezu) leistungslose Steuerung mehr. Mit der in Abb. 3.6 (rechts) gezeigten Schaltung lässt sich die Gittervorspannung einstellen und kann beispielsweise von $U_g \approx -0,3\,\text{V}$ auf $U_g \approx -0,2\,\text{V}$ oder $U_g \approx -0,1\,\text{V}$ angehoben werden.

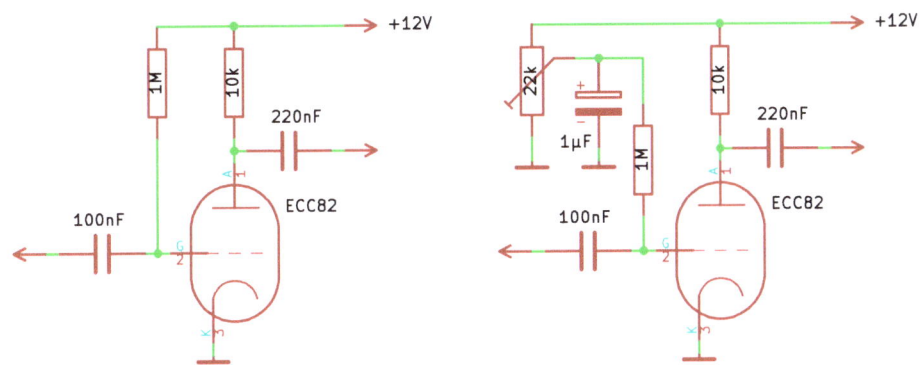

Abbildung 3.6: Alternative Varianten zur Bereitstellung der Gittervorspannung, positive Gittervorspannung (links), einstellbare Gittervorspannung (rechts)

Die ECC82 wird bei den hier verwendeten Schaltungen weit außerhalb ihrer normalen Betriebswerte eingesetzt. Auf Empfehlung von [15] soll deshalb die Eingangsimpedanz der Triodenstufe bestimmt werden. Abb. 3.7 zeigt die verwendete Messanordnung. Der über das Gitter in die Triode fließende Wechselstrom wird dabei nicht direkt gemessen, sondern mit Hilfe des Spannungsabfalls über dem Widerstand R ermittelt:

$$I = \frac{U_2 - U_1}{R}$$

---

[3]Mit $R_g = 3,3\,\text{M}\Omega$ wurde $U_g \approx -0,35\,\text{V}$ gemessen, mit $R_g = 10\,\text{M}\Omega$ etwa $U_g \approx -0,4\,\text{V}$.

Die Eingangsimpedanz ergibt sich dann aus

$$r_{in} = \frac{U_1}{I} = \frac{U_1 R}{U_2 - U_1}.$$

Bei der Testanordnung aus Abb. 3.4 wurde für $R_a = 10\,\mathrm{k\Omega}$ und $R_g = 1\,\mathrm{M\Omega}$ eine Eingangsimpedanz von ca. $225\,\mathrm{k\Omega}$ bestimmt. Mit der entsprechend Abb. 3.6 (links) erzeugten positiven Gittervorspannung sinkt die Eingangsimpedanz auf ca. $10\,\mathrm{k\Omega}$, was in dem für $U_g > 0$ fließenden Gitterstrom begründet ist. Für eine hohe Eingangsimpedanz sollte bei der in Abb. 3.6 (rechts) gezeigten Schaltungsvariante $U_g < 0$ sichergestellt werden. Ebenso ist eine deutliche Reduktion des Gitterableitwiderstandes R_g nicht sinnvoll. Eine schaltungstechnische Lösung für den Betrieb mit positiver Gittervorspannung wird in Abschnitt 3.4.2 behandelt.

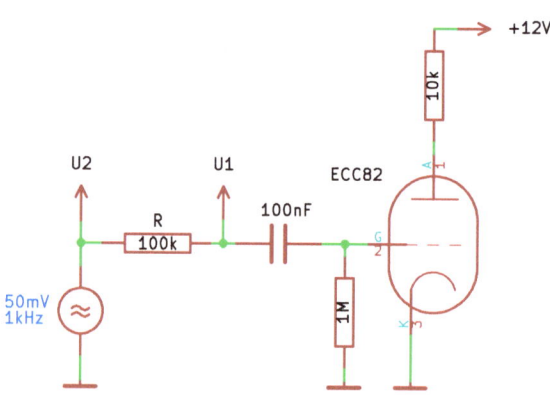

Abbildung 3.7: Anordnung zur Messung der Eingangsimpedanz

Bei einem ersten Probeaufbau streute bei fehlender Signalquelle ein lokaler Rundfunksender ein. Zur Unterdrückung von Störsignalen wurde die bestehende Vorverstärkerschaltung um einem $10\,\mathrm{k\Omega}$ Gitterschwingschutzwiderstand ergänzt (siehe Abb. 3.8). Der Gitterschwingschutzwiderstand bildet im einfachsten Fall mit der (internen) Gitter-Kathoden-Kapazität der Röhrenstufe einen Tiefpass. Bei der HF-Röhre ECC82 ist diese parasitäre Kapazität mit knapp $2\,\mathrm{pF}$ [62] sehr klein und zur Filterung im NF-Bereich nicht geeignet. Daher wurde ein $100\,\mathrm{pF}$-

Kondensator ergänzt. Für den Tiefpass ergibt sich damit eine Eckfrequenz von

$$f = \frac{1}{2\pi RC} \ = \ \frac{1}{2\pi \cdot 10\,\mathrm{k\Omega} \cdot 100\,\mathrm{pF}}$$
$$= \ \frac{1}{2\pi \cdot 10 \cdot 10^3\,\mathrm{V/A} \cdot 100 \cdot 10^{-12}\,\mathrm{As/V}}$$
$$\approx \ 159\,\mathrm{kHz},$$

womit HF-Einstreuungen einschließlich des Mittelwellenbereichs wirksam unterdrückt werden. Die Verbesserung der Signalqualität ließ sich auch im Versuchsaufbau nachvollziehen. Abb. 3.9 (oben) zeigt Eingangs- und Ausgangsspannung der Testschaltung aus Abb. 3.4. Das Eingangssignal hat eine Amplitude von 50 mV, das Ausgangssignal von ca. 200 mV, wodurch der bereits angeführte Verstärkungsfaktor $\mu_a \approx 4$ bestätigt wird. Gerade beim Eingangssignal (d. h. am Gitter) sind deutlich Störungen wahrnehmbar. Mit dem in Abb. 3.8 skizzierten Tiefpass werden diese Störungen wirksam unterdrückt (siehe Abb. 3.9 (unten)).

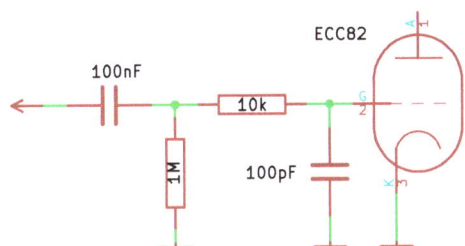

Abbildung 3.8: Unterdrückung von Störsignalen mittels Gitterschwingschutzwiderstand

Abb. 3.10 zeigt die Schaltung der Röhrenvorstufe. Die anodenseitige Versorgungsspannung wurde dabei geglättet. Der zusätzliche Widerstand R_9 ist erheblich kleiner als die eigentlichen Anodenwiderstände und sollte daher die Gleichspannungsverhältnisse nicht wesentlich ändern. Zusammen mit dem 100 μF-Elektrolytkondensator C_{12} ergibt sich ein Tiefpass mit der Eckfrequenz von ca. 1, 6 Hz, wodurch sowohl die durch die Endstufe bei sehr tiefen Bässen hervorgerufenen Spannungsschwankungen als auch das Netzbrummen (50 Hz bzw. nach Gleichrichtung 100 Hz) ausreichend unterdrückt werden. Zur

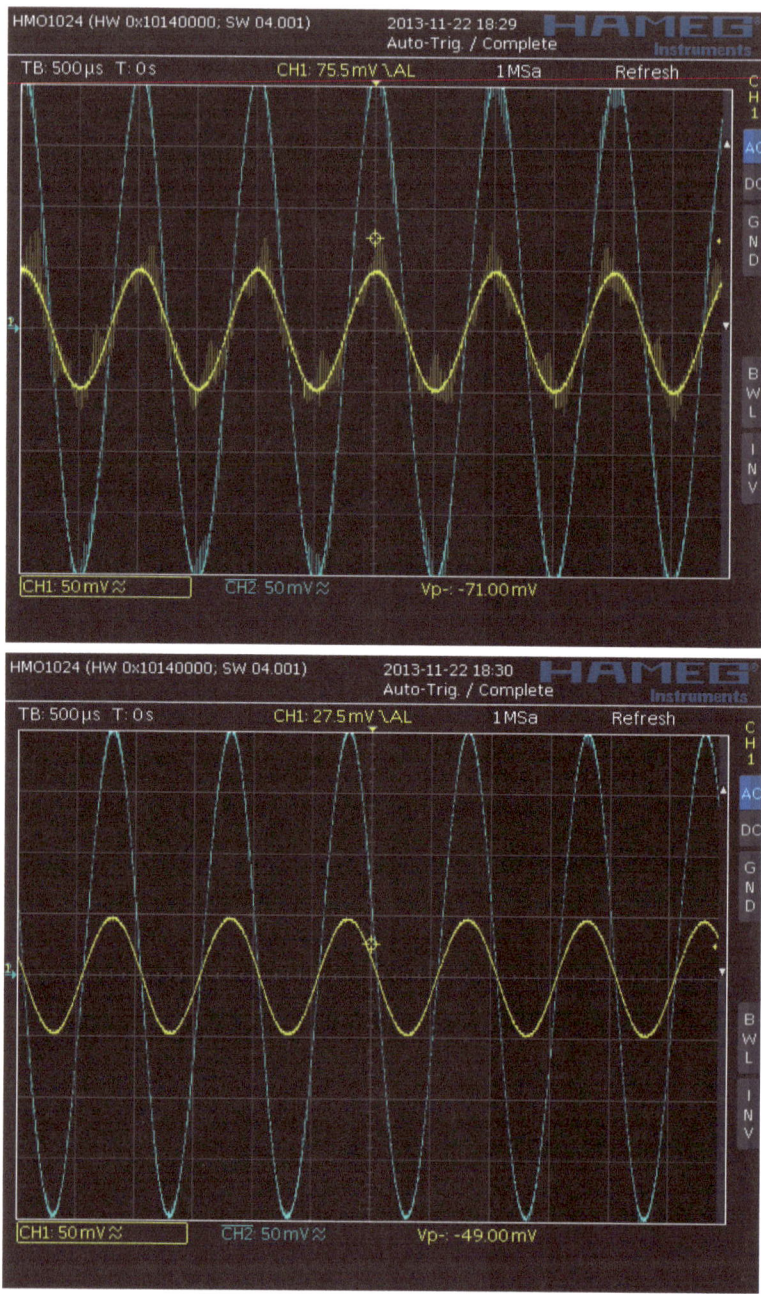

Abbildung 3.9: Eingangsspannung (gelb) und invertierte Ausgangsspannung (blau) der ECC82-Testschaltung, ohne Gitterschwingschutzwiderstand (oben), mit Gitterschwingschutzwiderstand (unten)

Lautstärkeeinstellung wurde am Eingang ein logarithmisches Doppelpotentiometer ergänzt. Damit die logarithmische Kennlinie des Potentiometers zur Geltung kommt sollte der Widerstandswert klar unter der ermittelten Eingangsimpedanz von ca. $225\,\text{k}\Omega$ liegen, also höchstens bei $100\,\text{k}\Omega$.

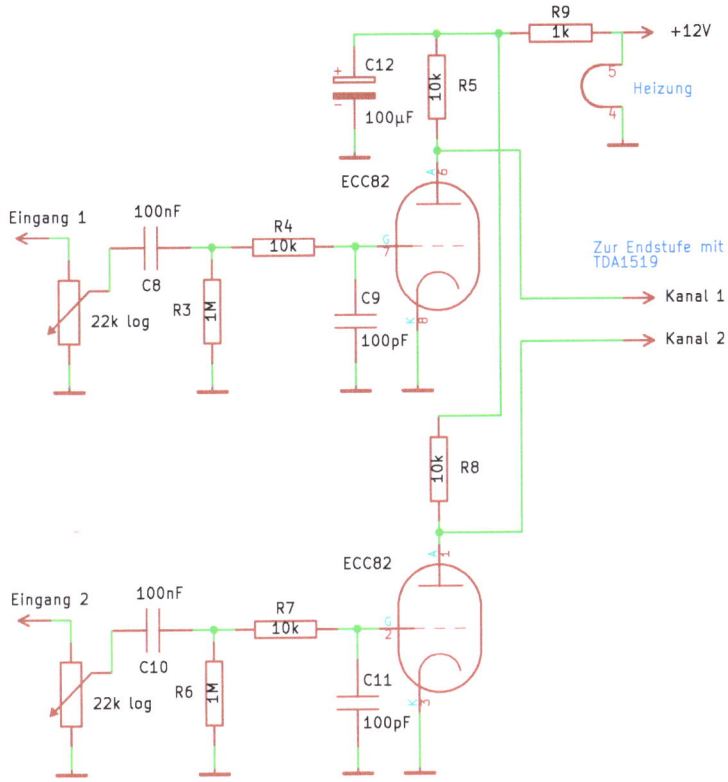

Abbildung 3.10: Stereovorstufe mit der Doppeltriode ECC82

3.3   Aufbau

Für den Prototypaufbau kam der von Conrad angebotene 2 x 10 W Stereo-Verstärker-Bausatz (Best.-Nr. 115592-62) zum Einsatz. Zur Realisierung der Stummschaltung wurde auf der Platine die Leiterbahn zwischen Pin 7 und 8 durchtrennt. Für den Anschluss der Lautsprecherausgänge wurden zusätzlich lötbare Schraubverbinder vorgesehen. Die gesamte Verstärkerschaltung lässt sich in einem Universal-Gehäuse aus Polystyrol mit den Maßen $135\,\mathrm{mm}\times 95\,\mathrm{mm}\times45\,\mathrm{mm}$ unterbringen. Abb. 3.11 erlaubt einen Blick in das Innenleben des Verstärkers.[4]

Abbildung 3.11: Prototypaufbau des Stereoverstärkers (Innenleben)

Die Außenansicht des Prototypaufbaus ist in Abb. 3.12 wiedergegeben. Für die Röhre ECC82 wurde auf der Oberseite des Gehäuses eine Noval-Fassung für Chassismontage angebracht. Die Abwärme des Verstärkerschaltkreises TDA1519C leitet ein ebenfalls auf der Gehäuseoberseite montierter CPU-Kühlkörper ab.

Die Versorgungsspannung von $12\,\mathrm{V}$ ist über eine auf der Gehäuserückseite angebrachte Buchse einzuspeisen. Ist der IC über den Schalter S_2 stummgeschaltet, dann benötigt der Verstärker praktisch nur den Heizstrom $I_f = 150\,\mathrm{mA}$. Hebt man die Stummschaltung auf (d. h. S_2 ist geschlossen), so steigt der Ruhestrombedarf auf ca. $200\,\mathrm{mA}$. Bei einer ordentlichen Zimmerlautstärke wurde ein Stromverbrauch im Bereich $300\ldots400\,\mathrm{mA}$ gemessen. Hierfür wäre die in Abschnitt 6.2 beschriebene Stromversorgung von bis zu $1\,\mathrm{A}$ ausreichend.

---

[4]Der in Abb. 3.11 dargestellte Prototyp entspricht nicht exakt der in Abb. 3.10 dargestellten Vorstufe. Insbesondere wurden in der aufgebauten Schaltung noch nicht die Gitterschwingschutzwiderstände mit den zugehörigen Kondensatoren berücksichtigt.

Abbildung 3.12: Prototypaufbau des Stereoverstärkers (Außenansicht)

Bei den Schaltkreisvarianten TDA1519 und TDA1519B wird der Maximal-strom mit $2,5$ A angegeben, bei den ICs TDA1519A und TDA1519C dagegen mit 4 A. Der Strom im Anodenstromkreis der Röhre ist aus Sicht der Stromver-sorgung vernachlässigbar. Zusammen mit dem Heizstrombedarf der Röhre von $I_f = 150$ mA lässt sich der Gesamtstrombedarf mit $2,65$ A bzw. $4,15$ A ange-ben. Die in Abschnitt 6.3 beschriebene Stromversorgung ist für 3 A ausgelegt.

3.4 Erweiterungsvorschläge

3.4.1 Klangregler

Der in Abb. 3.10 gezeigte Vorverstärker wird im Folgenden um einen Klang-regler erweitert. Die in Abb. 3.13 dargestellte Schaltung benötigt eine ECC82 pro Audiokanal, d. h. für einen Stereoverstärker sind zwei Doppeltrioden er-forderlich. Die Eingangsstufe ist als Kathodenfolger ausgelegt, womit sich eine Verstärkung $\mu_a < 1$ ergibt. Im Versuchsaufbau wurde der Verstärkungsfaktor

$\mu_a \approx 0,8$ gemessen. Damit erhält man sowohl einen sehr hochohmigen Eingang als auch einen niederohmigen Ausgang für die Einspeisung in das Klangregelnetzwerk. Über dem $10\,\mathrm{k\Omega}$ Kathodenwiderstand, der als logarithmisches Potentiometer P_1 ausgeführt ist und zur Lautstärkeeinstellung dient, fällt eine Spannung von ca. $1,35\,\mathrm{V}$ ab.

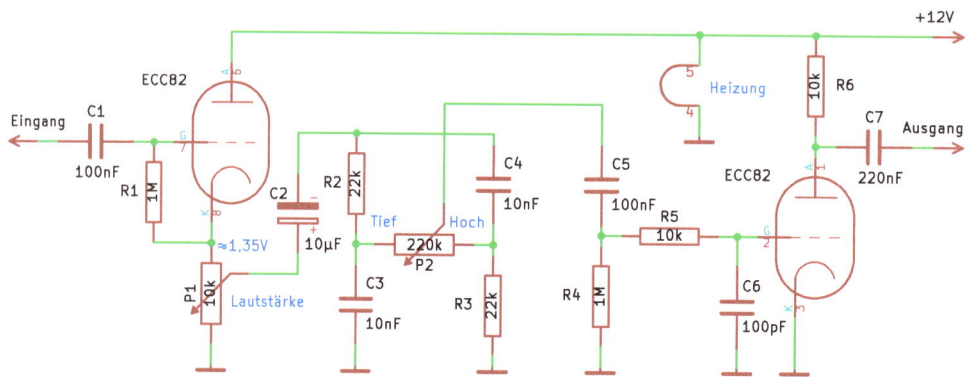

Abbildung 3.13: Hochohmige Eingangsstufe und Klangregler mit ECC82

Bei Eingangsamplituden bis ca. $1\,\mathrm{V}$ sind auf dem Oszilloskop visuell keine Verzerrungen wahrnehmbar, ab einer Amplitude von ca. $2\,\mathrm{V}$ ist deutlich eine einseitige Begrenzung des Ausgangssignals zu sehen. Dieser Sachverhalt lässt sich leicht begründen: Eine $2\,\mathrm{V}$-Eingangsamplitude würde bei einer Verstärkung von $\mu_a \approx 0,8$ auf eine Amplitude von $0,8 \cdot 2\,\mathrm{V} = 1,6\,\mathrm{V}$ am Ausgang, d. h. an der Kathode, führen. Diese Spannung liegt oberhalb der Kathodenvorspannung von $1,35\,\mathrm{V}$, wodurch bei der unteren Auslenkung die Begrenzung eintritt. Umgekehrt ergibt sich aus diesen Überlegungen eine maximal zulässige Eingangsamplitude von ca. $1,35\,\mathrm{V}/0,8 \approx 1,7\,\mathrm{V}$.

Das Klangregelnetzwerk besteht aus den Widerständen R_2, R_3, dem linearen Potentiometer P_2 sowie den Kondensatoren C_3 und C_4. Für die folgenden Betrachtungen wird die Potentiometerstellung durch einen Parameter α mit $0 \le \alpha \le 1$ dargestellt, wobei $\alpha = 0$ den linken und $\alpha = 1$ den rechten Anschlag beschreibt. Im linken Anschlag wird das NF-Signal an dem aus R_2 und C_3 bestehenden Tiefpass mit der Eckfrequenz

$$f = \frac{1}{2\pi R_2 C_3} = \frac{1}{2\pi \cdot 22\,\mathrm{k\Omega} \cdot 10\,\mathrm{nF}} \approx 724\,\mathrm{Hz}$$

abgegriffen. Im rechten Anschlag des Potentiometers bilden R_3 und C_4 einen Hochpass mit der gleichen Eckfrequenz. Abb. 3.14 zeigt die frequenzabhängige Verstärkung des Klangregelnetzwerks, die durch das Fehlen von aktiven Elementen kleiner als eins ist und damit eigentlich eine Dämpfung darstellt. Eine solche Darstellung nennt man Amplitudengang bzw. Amplitudenfrequenzgang.

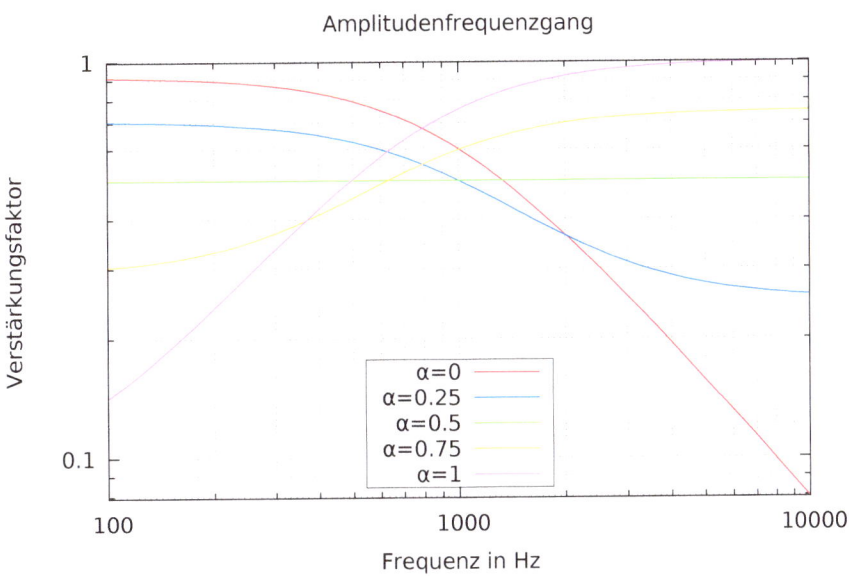

Abbildung 3.14: Amplitudenfrequenzgänge des Klangregelnetzwerks für verschiedene Potentiometerstellungen

In der Mittelstellung des Potentiometers P_2 hat das Klangregelnetzwerk einen frequenzunabhängigen Verstärkungsfaktor von $0,5$, d. h. das Netzwerk bildet einen Allpass, bei dem der Spannungspegel halbiert wird. Um diese Dämpfung auszugleichen wurde zur Spannungsverstärkung die zweite Triode der ECC82 eingesetzt. Die verwendete Schaltung entspricht einer der in Abb. 3.10 gezeigten Verstärkerstufen mit dem Verstärkungsfaktor 4. Für die in Abb. 3.13 dargestellte Schaltung ergibt sich damit eine Gesamtverstärkung von $\mu_{\mathrm{ges}} \approx 0,8 \cdot 0,5 \cdot 4 = 1,6$.

3.4.2 Betrieb mit positiver Gittervorspannung

In Abschnitt 3.2 wurde experimentell festgestellt, dass man mit einer positiven Gittervorspannung eine größere Verstärkung erzielen kann als im normalen Betriebsfall mit leicht negativer Gittervorspannung. Dieses Phänomen wird im Folgenden näher untersucht. Dazu wird zunächst die Anodenstrom-Gitterspannungs-Kennlinie aufgenommen. Abb. 3.15 zeigt eine Testschaltung zur direkten Darstellung der Anodenstrom-Gitterspannungs-Kennlinie mit dem Oszilloskop. Am Gitter wird eine Wechselspannung für den interessierenden Amplitudenbereich eingeprägt. Im konkreten Fall wurde eine Amplitude von $3\,\mathrm{V}$ vorgegeben. Der Anodenstrom wird als Spannung über einem als Shunt fungierenden $10\,\Omega$-Widerstand erfasst. Zur Darstellung ist das Oszilloskop im XY-Modus zu betreiben, wobei die Eingangs- bzw. Gitterspannung U_g für die X-Achse und die an der Kathode anliegende Spannung für die Y-Achse zu verwenden sind.

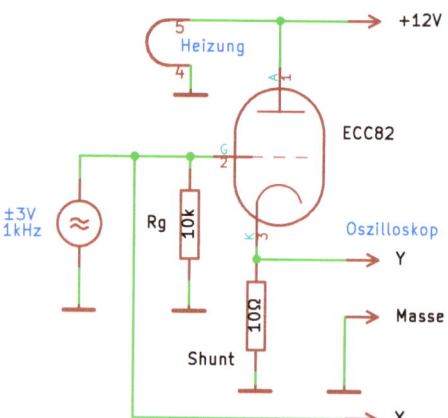

Abbildung 3.15: Testschaltung zur direkten Darstellung der Anodenstrom-Gitterspannungs-Kennlinie einer Triode der Röhre ECC82

Abb. 3.16 zeigt die aufgenommene Anodenstrom-Gitterspannungs-Kennlinie. Für die X-Achse wurde eine Auflösung von $1\,\mathrm{V}$ pro Skaleneinheit eingestellt, was mit $1\,\mathrm{V/div}$ angegeben wird. Aufgrund der Aussteuerung mit $\pm3\,\mathrm{V}$ werden auf der X-Achse 6 Skaleneinheiten überstrichen. Für die Y-Achse wird die Auflösung von $10\,\mathrm{mV/div}$ verwendet. In Verbindung mit dem

$10\,\Omega$-Widerstand gibt die Y-Achse wegen

$$I = \frac{U}{R} = \frac{10\,\mathrm{mV}}{10\,\mathrm{V/A}} = 1\,\mathrm{mA}$$

den Strom mit einer Auflösung von $1\,\mathrm{mA/div}$ wieder. Zusätzlich erfolgte eine Verschiebung der Y-Achse. so dass der Nullpunkt des Stroms am unteren Ende des Oszillogramms liegt.

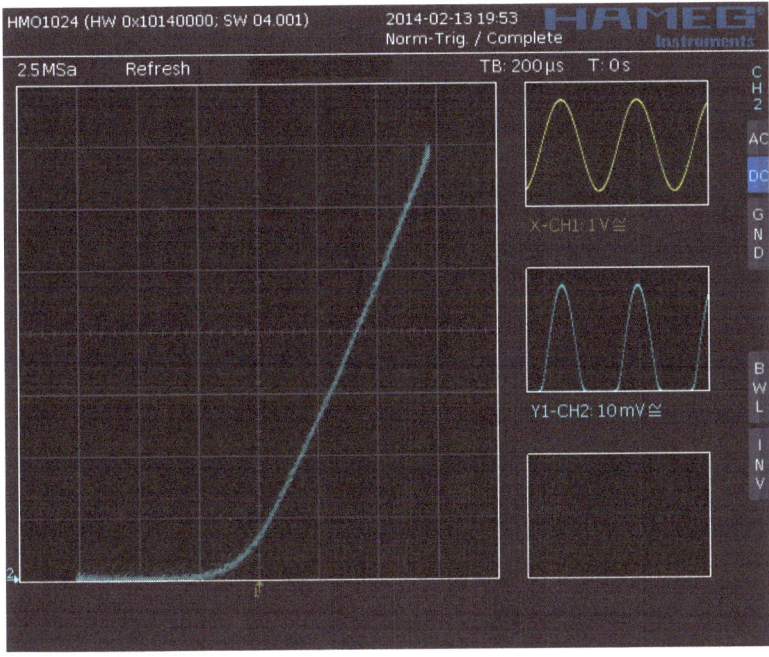

Abbildung 3.16: Anodenstrom-Gitterspannungs-Kennlinie

Beim Betrieb der Röhre mit positiver Gittervorspannung fließt ein merkli- cher Gitterstrom, was in einen für Röhrentechnik sehr kleinen Eingangswider- stand mündet. Um trotzdem einen hochohmigen Eingang zu gewährleisten, kann man beispielsweise einen Operationsverstärker als Impedanzwandler vorschal- ten. Ein entsprechender Schaltungsvorschlag ist Abb. 3.17 zu entnehmen. Der rauscharme Operationsverstärkerschaltkreis TL071 wird als nichtinvertierender Verstärker mit dem Verstärkungsfaktor 1 betrieben. Der aus den Widerstän- den R_2 und R_3 bestehende Spannungsteiler stellt die halbe Betriebsspannung zur Verfügung, die mit C_2 geglättet wird. Zusammen mit R_1 legt man damit den Arbeitspunkt des Operationsverstärkers in die Mitte des zur Verfügung stehenden Spannungsbereichs. Das NF-Eingangssignal wird über den Kondensator C_1 entkoppelt. Der Gitterwiderstand R_4 ist mit der Betriebsspannung $U_b = 12\,\mathrm{V}$ verbunden, wodurch sich am Gitter eine positive Vorspannung von ca. $+110\,\mathrm{mV}$ einstellte. Der Verstärkungsfaktor der Stufe liegt bei $\mu_a \approx 8$. Die Heizung der Röhre ist in der üblichen Weise zu gewährleisten. Je nach Bedarf kann man Lautstärke- bzw. Klangregler vorsehen oder die Operationsverstärkerschaltung für eine größere Verstärkung auslegen.

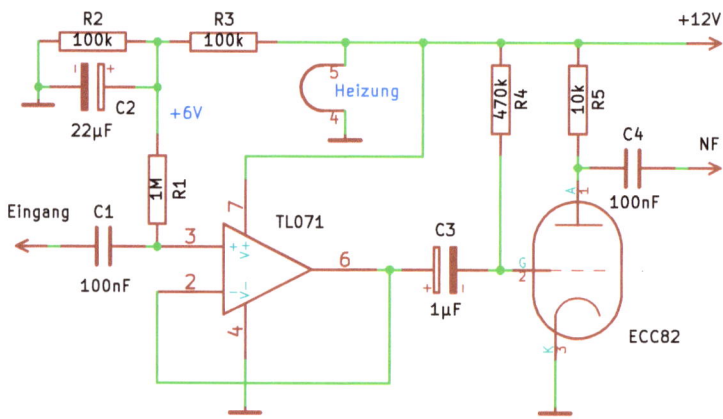

Abbildung 3.17: Betrieb der ECC82 mit positiver Gittervorspannung

3.4.3 Endstufe in Brückenschaltung

Wie bereits im Abschnitt 3.1 erwähnt wurde, stehen bei den Schaltkreisvarianten TDA1519A, TDA1519B und TDA1519C jeweils ein nichtinvertierender und ein invertierender Operationsverstärker zur Verfügung. Im Unterschied zum Stereobetrieb ist in Brückenschaltung der Monobetrieb mit doppelter Leistung möglich. Abb. 3.18 zeigt die Schaltung einer solchen Monoendstufe [57]. Dabei werden der invertierende und der nichtinvertierende Eingang zusammengelegt, womit sich die Eingangsimpedanz auf $30\,\mathrm{k\Omega}$ halbiert. Der Lautsprecher verbindet beide Gegentaktendstufen und wird somit in Brückenschaltung betrieben. Wie in Abb. 3.1 kann man auch LEDs zur Anzeige der Betriebsbereitschaft bzw. der

Stummschaltung ergänzen. Für eine Stereowiedergabe ist die Endstufe zweimal aufzubauen. Allerdings sollte dann auch die Stromversorgung für den höheren Stromverbrauch angepasst werden.

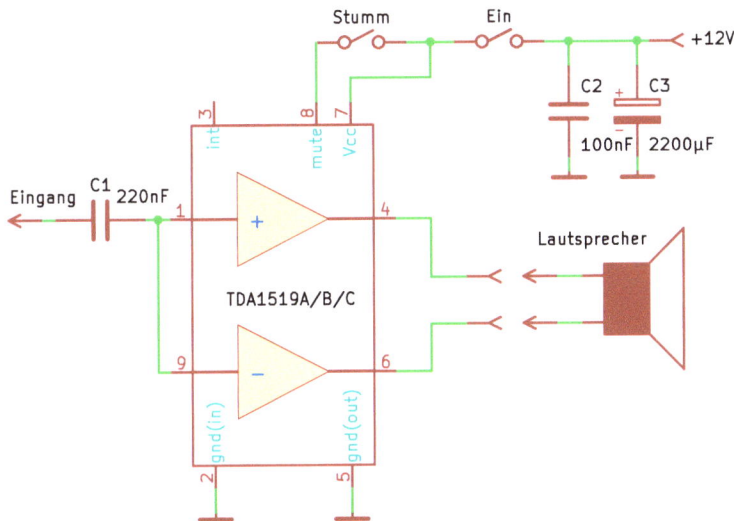

Abbildung 3.18: Monoendstufe in Brückenschaltung mit TDA1519A, TDA1519B bzw. TDA1519C

Kapitel 4

Verstärker für 14 W mit UKW-Doppeltrioden

Die Röhren ECC85, PCC85 und UCC85 sind steile HF-Doppeltrioden, die für den Einsatz als Oszillator-, Misch- bzw. Verstärkerröhren in Fernseh- und UKW-Empfängern vorgesehen sind und sich nur hinsichtlich ihrer Heizung unterscheiden (siehe Tab. 4.1). Diese Röhren eignen sich auch für Experimente mit niedriger Anodenspannung [45,65]. In diesem Kapitel wird die ursprünglich für Allstromgeräte vorgesehene Röhrenvariante UCC85 verwendet, die eigentlich für Serienheizung mit einem Heizstrom $I_f = 100\,\mathrm{mA}$ ausgelegt ist, aber auch mit einer Heizspannung von $U_f \approx 25\,\mathrm{V}$ betrieben werden kann [62]. Bei den folgenden Schaltungen wird die UCC85 sowohl anodenseitig als auch heizspannungsseitig mit 24 V versorgt. Diese Spannung kann gleichzeitig zum Betrieb des Leistungsverstärkerschaltkreises TDA2030 verwendet werden.

Tabelle 4.1: Heizspannungen bzw. Heizströme der Röhren ECC85, PCC85 und UCC85 [62,67]

Röhrenbezeichnung	Heizspannung U_f in V	Heizstrom I_f in mA
ECC85	6,3	380
PCC85	8,5	300
UCC85	24...26	100

Will man anstelle der UCC85 die Röhren ECC85 oder PCC85 einsetzen, so muss die in Tab. 4.1 angegebene Heizspannung bereitgestellt werden. Dazu kann man beispielsweise Festspannungsregler einsetzen. Abb. 4.1 zeigt zwei Schaltungsvorschläge, die die jeweilige Heizspannung aus einer mindestens 2 V höheren (positiven) Betriebsspannung U_b bereitstellen, wobei für die ECC85 allerdings nur 6 V statt 6, 3 V erzeugt werden. Hier kann man ggf. auch einen variablen Spannungsregler (z. B. den LM317) einsetzen (siehe Abschnitt 6.2). Je nach Betriebsspannung fällt über den Spannungsreglern auch eine erhebliche Verlustleistung ab, so dass ein entsprechender Kühlkörper vorzusehen ist.

Abbildung 4.1: Bereitstellung der Heizspannung für die Röhren ECC85 (links) und PCC85 (rechts)

4.1 Verstärker mit gegengekoppelter Vorstufe in Kathodenbasisschaltung

Abb. 4.2 zeigt die Schaltung eines Verstärkers mit einer Triode der UCC85. Die als Vorverstärker eingesetzte Röhrenstufe arbeitet in Kathodenbasisschaltung mit Stromgegenkopplung. Gegenüber den in Kapitel 3 eingesetzten Schaltungen mit der ECC82 wurde der Anodenwiderstand um den Faktor 10 auf $R_3 = 100\,\mathrm{k\Omega}$ erhöht. Schließt man den zur Stromgegenkopplung vorgesehenen Einstellregler R_2 kurz, erhält man die "normale" (d. h. nicht gegengekoppelte) Kathodenbasisschaltung mit einem Spannungsverstärkungsfaktor $\mu_a \approx 16$. Durch die Gegenkopplung wird die Verstärkung auf den Faktor $\mu_a \approx 10$ reduziert, dafür werden aber auch Nichtlinearitäten teilweise unterdrückt.

Die Verstärkerschaltung mit dem TDA2030 bzw. dem Nachfolgetyp TDA2030A folgt weitestgehend dem Vorschlag des Datenblattes [74,75]. Dabei stellt der aus den Widerständen R_4 und R_5 bestehende Spannungsteiler die halbe Betriebsspannung zur Verfügung, die mit C_3 geglättet wird und über R_6 den Betriebspunkt des Verstärkers einstellt. Gegenüber 100 kΩ im Datenblatt wurde

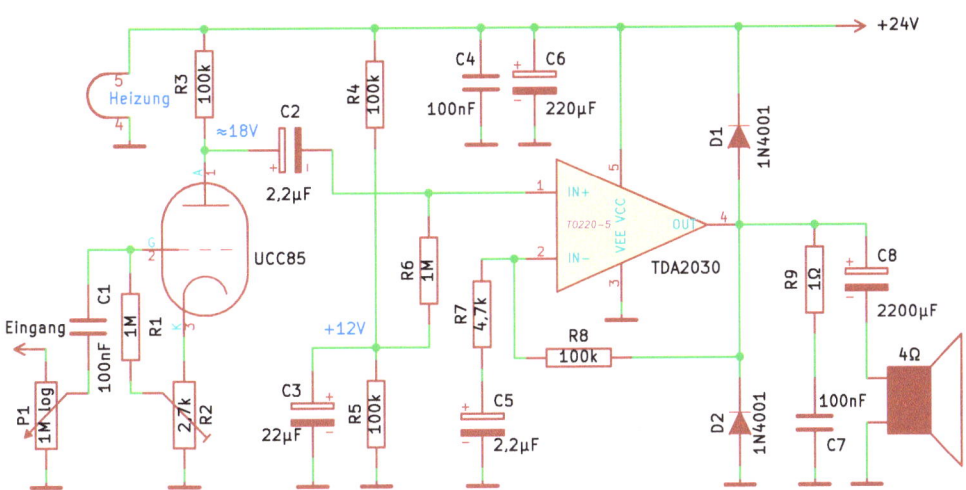

Abbildung 4.2: Endstufe mit TDA2030 und einer UCC85-Vorstufe in Kathodenbasisschaltung mit Stromgegenkopplung

der Widerstand R_6 (damit der Eingangswiderstand der Endstufe) deutlich vergrößert, nämlich auf $R_6 = 1\,\mathrm{M\Omega}$. Die gleichspannungsmäßige Entkopplung zur Röhrenvorstufe übernimmt der Kondensator C_2. Da die Anodenspannung oberhalb der halben Betriebsspannung liegt, ist dieser Kondensator im Vergleich zu der im Datenblatt angegebenen Applikationsempfehlung in umgekehrter Polarität verschaltet. Der Leistungsverstärker wird als nichtinvertierender Verstärker betrieben, wobei über die Widerstände R_7 und R_8 ein Verstärkungsfaktor von ca. $22,3$ bzw. $27\,\mathrm{dB}$ vorgegeben wird. Damit ergibt sich insgesamt (Röhrenvorstufe und Leistungsendstufe) ein Verstärkungsfaktor von $\mu_{\mathrm{ges}} \approx 223$.

Die Stützkondensatoren C_4 und C_6 sind möglichst nahe am Schaltkreis zu montieren. Sie dienen (genau wie das aus R_9 und C_7 bestehende BoucherotGlied) der Schwingungsunterdrückung. Für den Widerstand R_9 sollte eine leistungsstarke Ausführung mit einer Belastbarkeit von $1\,\mathrm{W}$ verwendet werden.

Der TDA2030 ist für eine Ausgangsleistung von $14\,\mathrm{W}$ ausgelegt, der TDA2030A kann (bei etwas höherer Betriebsspannung) eine Ausgangsleistung von bis zu $18\,\mathrm{W}$ liefern [74,75]. Die im Schaltkreis integrierte Transistorendstufe arbeitet im Gegentakt-AB-Betrieb. Obwohl der TDA2030A über einen internen Schutz gegen thermische Überlastung verfügt, ist für den Betrieb mit höherer Ausgangsleistung ein passender Kühlkörper unerlässlich.

Die in Abb. 4.2 dargestellte Schaltung ist nur ein Monoverstärker. Mit der zweiten Triode der UCC85 und einer weiteren TDA2030-Endstufe kann man auf diese Weise einen Stereoverstärker aufbauen.

4.2 Eingangsstufe und Klangregler

Abb. 4.3 zeigt die Schaltung einer Vorstufe mit Klangregelung. Die eigentliche Eingangsstufe mit einer Triode der UCC85 ist als Kathodenfolger ausgeführt, dessen Verstärkung bei $\mu_a \approx 0,85$ liegt. Das zur Lautstärkeeinstellung vorgesehene Potentiometer P_1 bildet den Kathodenwiderstand. Über den Kondensator C_{11} wird das Signal der Eingangsstufe in das aus den Festwiderständen R_{11} und R_{12} sowie den Kondensatoren C_{12} bis C_{14} bestehende Netzwerk zur Klangeinstellung eingespeist. Die Tiefeneinstellung wird mit dem Potentiometer P_2 vorgenommen, die Höheneinstellung mit P_3. Die zweite Stufe des Vorverstärkers entspricht der bereits in Abb. 4.2 angegebenen Schaltung, die einen Spannungsverstärkungsfaktor von $\mu_a \approx 10$ liefert und damit die Verluste des Kathodenfolgers bzw. des Klangregelnetzwerkes mehr als kompensiert.

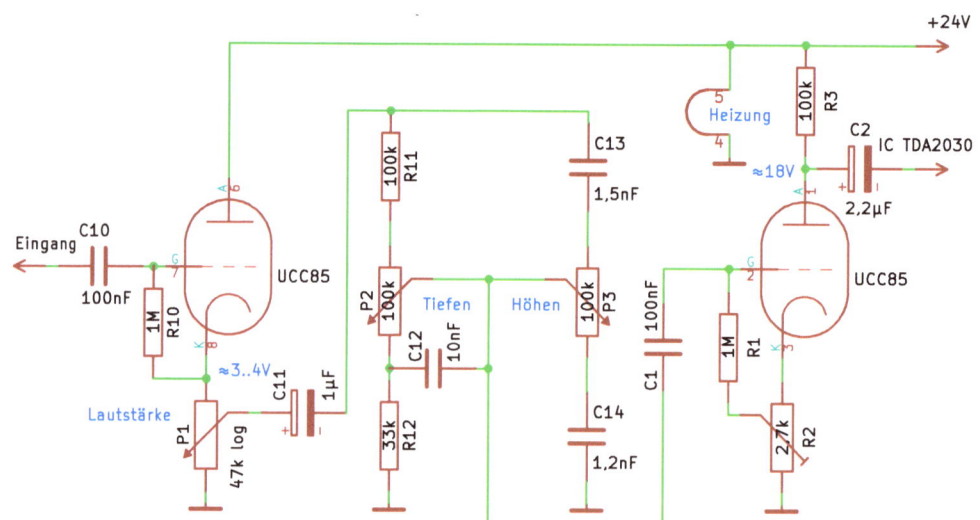

Abbildung 4.3: Eingangsstufe und Klangregler mit UCC85

Das zur Klangeinstellung verwendete RC-Netzwerk orientiert sich an gängigen Schaltungen zur Klangeinstellung, siehe [66, Kapitel 9] oder [18, Abschnitt 11.10]. Abb. 4.4 zeigt den Amplitudenfrequenzgang dieses Netzwerks für verschiedene Potentiometerstellungen. Die Position des zur Tiefeneinstellung genutzten Potentiometers P_2 wird durch den Parameter α mit dem linken Anschlag $\alpha = 0$, der Mittelstellung $\alpha = 0,5$ und dem rechten Anschlag $\alpha = 1$ beschrieben. In gleicher Weise gibt der Parameter β die Position des zur Höheneinstellung verwendeten Potentiometers P_3 an. Befinden sich beide Potentiometer in der Mittelstellung (d. h. $\alpha = \beta = 0,5$), so erhält man einen näherungsweise konstanten Amplitudenfrequenzgang mit einem Verstärkungsfaktor $0,3\ldots0,4$. Das entspricht einer Absenkung des Signalpegels auf ca. $30\ldots40\,\%$. Die Gesamtverstärkung der Schaltung liegt damit im Bereich $\mu_{\text{ges}} \approx 2,5\ldots3,5$.

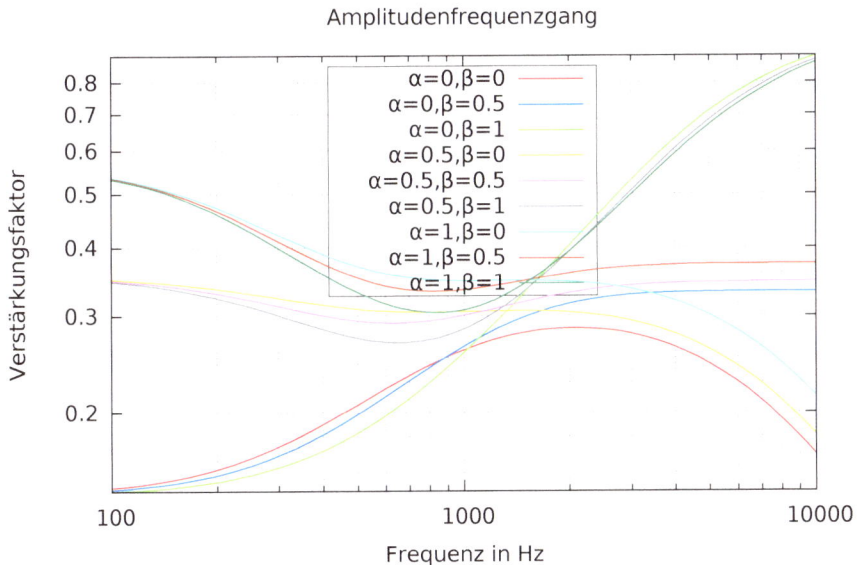

Abbildung 4.4: Amplitudenfrequenzgänge des Klangregelnetzwerks aus Abb. 4.3 für verschiedene Potentiometerstellungen

Bei rein passiven Klangregelnetzwerken besteht das Problem, dass sich die einzelnen Einsteller gegenseitig mehr oder weniger stark beeinflussen. Dieses Problem lässt sich umgehen, indem man die einzelnen Klangregler über aktive Verstärkerstufen entkoppelt. Abb. 4.5 zeigt einen entsprechenden Schaltungsvorschlag. Die Eingangsstufe ist wieder als Kathodenfolger ausgeführt, der jetzt allerdings nur ein RC-Netzwerk zur Tiefeneinstellung speist. Der Ausgang des Klangregelnetzwerkes ist der Mittelanschluss des Potentiometers P_2. Die sich daran anschließende Verstärkerstufe wurde um die zwei Kondensatoren C_{13} und C_{14} sowie das Potentiometer P_3 ergänzt, wodurch sich eine aktive Schaltung zur Höheneinstellung ergibt [18, S. 196].

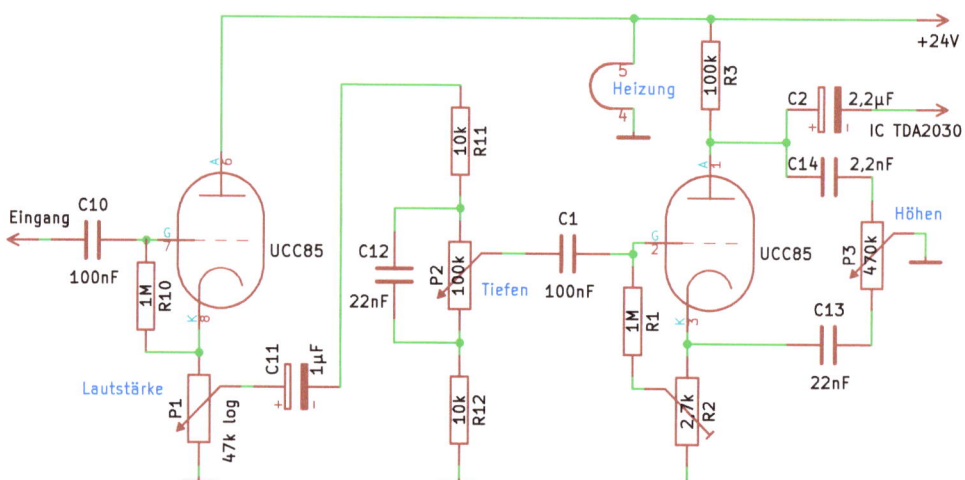

Abbildung 4.5: Alternative Klangreglerschaltung mit UCC85

Beim Aufbau eines Stereoverstärkers mit den Vorstufen aus Abb. 4.3 bzw. 4.5 benötigt man als aktive Bauelemente zwei Röhren UCC85 und zwei ICs TDA2030. Lautstärke- bzw. Klangeinstellung kann man entweder pro Kanal bzw. für das Stereosignal (d. h. simultan für beide Kanäle) ausführen. Im ersten Fall würde man sechs Einzelpotentiometer einsetzen, im zwei Fall drei Doppelpotis.

4.3   Differenzverstärker mit symmetrischer Versorgungsspannung

Anstelle der in den Abschnitten 4.1 und 4.2 eingesetzten einseitigen Versorgungsspannung von 24 V kann man den Leistungsverstärker TDA2030 auch mit einer symmetrischen Spannung von $\pm 12\,\mathrm{V}$ betreiben. Eine entsprechende Strom-versorgung wird in Abschnitt 6.4.1 beschrieben. Der auf $0\,\mathrm{V}$ liegende Mittelan-schluss der Stromversorgung wäre dann auch die Signalmasse der Endstufe.

Etwas anders stellt sich die Situation bei der Röhrenvorstufe dar. Die UCC85 soll natürlich mit der sich aus $\pm 12\,\mathrm{V}$ ergebenden anodenseitigen Versorgungs-spannung von $24\,\mathrm{V}$ betrieben werden. Bei einer Kathodenbasisschaltung wür-de die eingangsseitige Signalmasse auf $-12\,\mathrm{V}$ liegen. Für die Dimensionierung des Verstärkers sind Masse und die Versorgungsspannungen $\pm 12\,\mathrm{V}$ wechsel-spannungsseitig miteinander verbunden. Im praktischen Betrieb würden die ver-schiedenen Bezugspotentiale Störeinstreuungen stark begünstigen. Dieses Pro-blem lässt sich mit einem Differenzverstärker umgehen, in den das Eingangs-signal bezogen auf den versorgungsseitigen Mittelanschluss (Masse) eingespeist wird.

Abb. 4.6 zeigt einen Differenzverstärker mit der Doppeltriode UCC85. Das Eingangssignal eines solchen Differenzverstärkers ist eigentlich die Spannungs-differenz zwischen den Steuergittern der zwei Trioden. In der angegebenen Schaltung liegt das Steuergitter der rechten Triode wechselspannungsseitig auf Masse. Für das Funktionieren als Differenzverstärker zeichnet der gemeinsa-me Kathodenwiderstand R_5 verantwortlich. In der Verstärkerschaltung ist A_1 der invertierende und A_2 der nichtinvertierende Ausgang. Bei gleichen Anoden-widerständen R_3 bzw. R_4 (also mit $R_6 = 0$) ist die Spannungsverstärkung hin-sichtlich des invertierenden Ausgangs etwas größer als die des nichtinvertieren-den Ausgangs (siehe [18, Abschnitt 9.3]). Diese Asymmetrie rührt daher, dass die rechte Triode in Gitterbasisschaltung betrieben wird. Mit den angegebenen Werten wurde für A_1 eine Spannungsverstärkung von $\mu \approx 4$ erreicht, für A_2 dagegen nur von etwa $\mu \approx 2 \ldots 2{,}5$. Um bei beiden Ausgängen die gleiche Verstärkung zu erzielen, kann man mit dem Einstellregler R_6 den wirksamen Anodenwiderstand der nichtinvertierenden Stufe erhöhen [18, Abschnitt 9.9]. Allerdings spricht auch nichts dagegen, beide Stufen mit dem gleichen Anoden-widerstand zu betreiben und dafür eine etwas geringere Differenzverstärkung in Kauf zu nehmen. In diesem Fall werden beide Röhrensysteme (unter der Annahme übereinstimmender Kennlinien) im gleichen Arbeitspunkt betrieben.

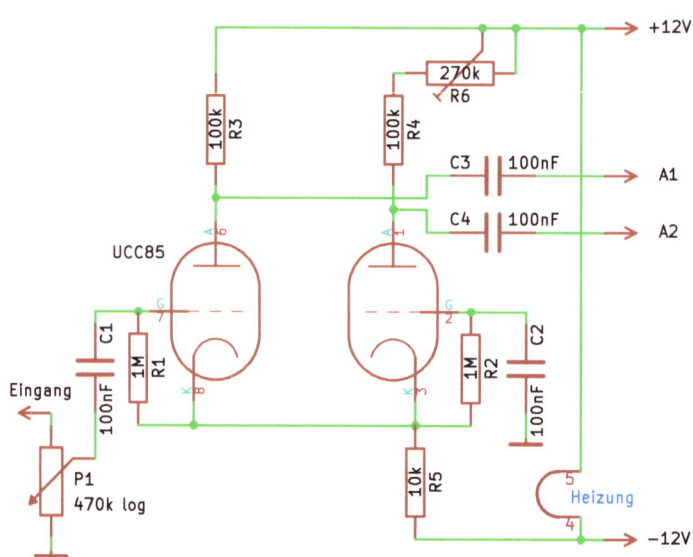

Abbildung 4.6: Differenzverstärker mit UCC85

Bei der in Abb. 4.6 gezeigten Schaltung wird die negative Gittervorspannung mit den Widerständen R_1 und R_2 durch Anlaufstrom erzeugt. Ähnlich wie bei der Anodenbasisschaltung kann man eine automatische Gittervorspannungserzeugung vorsehen (vgl. Abb. 1.17 auf S. 24). Abb. 4.7 zeigt einen entsprechenden Schaltungsausschnitt, wie durch Einfügen der aus R_k und C_k bestehenden Kathodenkombination die Schaltung aus Abb. 4.6 erweitert werden kann.

Abb. 4.8 zeigt den zugehörigen Leistungsverstärker auf Halbleiterbasis. Die drei Operationsverstärker bilden zusammen einen sogenannten Instrumentenverstärker. Der Schaltkreis TL072 ist ein rauscharmer Doppeloperationsverstärker, der einer zweifachen Ausführung des in Abschnitt 3.4.2 verwendeten TL071 entspricht [78]. Der Leistungsverstärker TDA2030 wird als Differenzverstärker mit einem Verstärkungsfaktor von 10 betrieben (siehe auch Abschnitt 5.2). Beide Schaltkreise werden mit einer symmetrischen Betriebsspannung von $\pm 12\,$V versorgt. Dadurch ist es auch möglich, den Lautsprecher direkt (also ohne Entkopplungskondensator) mit dem Ausgang des TDA2030 zu verbinden. Mit dem Wegfall des Koppelkondensators verbessert sich das Übertragungsverhalten im unteren Frequenzbereich. Gegenüber den Schaltungsvorschlägen im Datenblatt [74, 75] wurden die Freilaufdioden weggelassen.

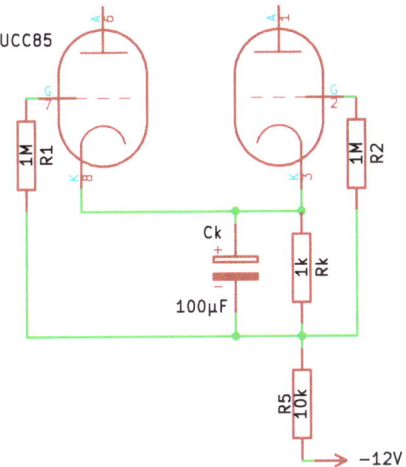

Abbildung 4.7: Automatische Gittervorspannungserzeugung für den Differenz-verstärker aus Abb. 4.6 (Schaltungsausschnitt)

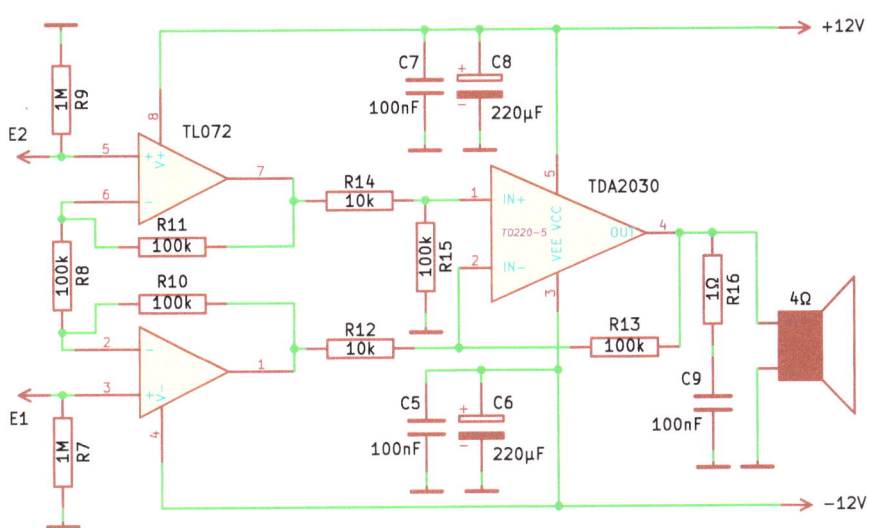

Abbildung 4.8: Instrumentenverstärker mit TL072 und TDA2030

Der Eingang E_1 ist invertierend, der Eingang E_2 ist nichtinvertierend. Für jeden der beiden Eingänge ergibt sich ein Spannungsverstärkungsfaktor von 20, was durch Messung am Versuchsaufbau bestätigt wurde. Die Spannungsverstärkung der gesamten Schaltung (also mit der in Abb. 4.6 gezeigten Röhrenvorstufe) liegt grob bei $\mu_{\text{ges}} \approx 200$.

Eine wichtige Eigenschaft des Instrumentenverstärkers ist seine gute Gleichtaktunterdrückung. Diese Eigenschaft spielte bei der Kopplung mit dem in Abb. 4.6 gezeigten Röhrenvorverstärker aufgrund der durch C_3 und C_4 vorgenommenen kapazitiven Trennung keine Rolle, lässt sich aber ausnutzen, um beide Verstärker gleichspannungsmäßig zu koppeln. Abb. 4.9 zeigt dazu einen entsprechenden Schaltungsvorschlag. Beide Anoden sind direkt (also ohne Trennkondensatoren) mit den nichtinvertierenden Eingängen des TL072 verbunden. Die hochohmigen Widerstände R_7 und R_9 können damit auch entfallen. Bei gleichen Anodenwiderständen $R_3 = R_4$ werden beide Trioden den gleichen Arbeitspunkt und damit insbesondere die gleiche Anodenspannung aufweisen. In der Praxis werden sich beide Röhrensysteme jedoch etwas voneinander unterscheiden. Mit dem Einstellregler R_6 ist die Einstellung einer gleichen Anodenspannung möglich. Der Abgleich ist so vorzunehmen, dass die Differenzspannung zwischen den Ausgängen des Operationsverstärkers (Pin 1 und 7 des TL072) verschwindet. Um einen eventuell noch vorhandenen Gleichspannungsanteil in der Signaldifferenz nicht auf den Lautsprecher zu übertragen, wurden vor dem mit dem TDA2030 realisierten Differenzverstärker noch die Kondensatoren C_3 und C_4 eingefügt.

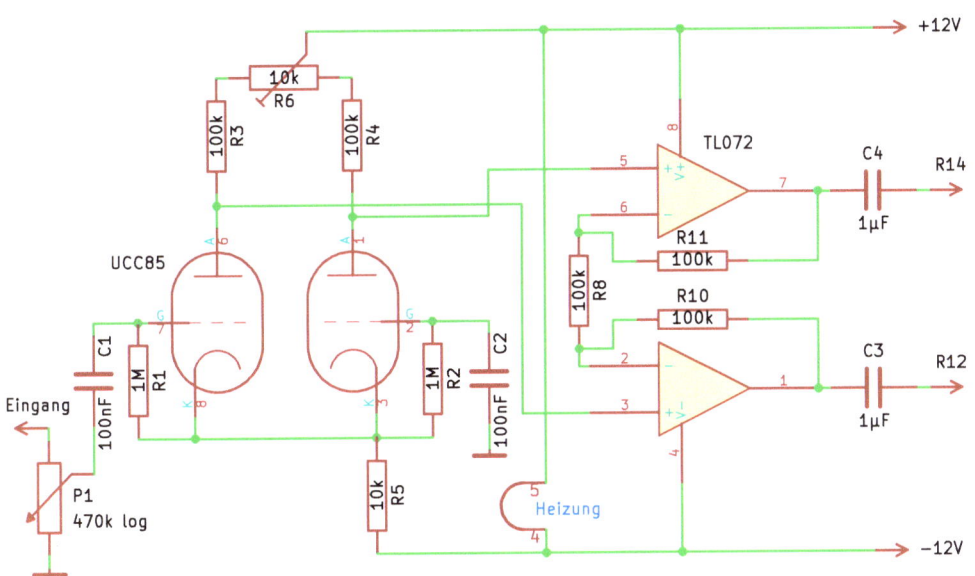

Abbildung 4.9: Gleichspannungskopplung zwischen UCC85 und TL072

Kapitel 5

Kompensation gerader Harmonischer

Bei sehr niedrigen Anodenspannungen weist die Anodenstrom-Gitterspannungs-Kennlinie praktisch keinen linearen Bereich auf. Damit sind nichtlineare Verzerrungen unvermeidlich. Die Beschreibung derartiger Verzerrungen mit Hilfe von Oberschwingungen wird in Abschnitt 5.1 umrissen.

Mit dem Wegfall eines linearen Bereichs ist vom Prinzip her kein A-Betrieb möglich (siehe Abschnitt 1.3.1). Bei einer leicht gekrümmten Kennlinie würde man eher von einem AB-Betrieb sprechen. Diese Betriebsart ist (neben dem eigentlichen B-Betrieb) bei Gegentaktverstärkern verbreitet. In einem solchen Gegentaktbetrieb werden zwei ähnliche Kennlinien derart überlagert, dass sich die geraden Harmonischen gegenseitig kompensieren. Diese Herangehensweise, die bei Endstufen sehr verbreitet ist, wird im Folgenden bei der Röhrenvorstufe angewandt. In den Abschnitten 5.2 und 5.3 werden dazu beispielhaft Schaltungsansätze vorgestellt.

5.1 Harmonische Verzerrungen

Zur Beschreibung harmonischer Verzerrungen geht man zunächst von einem reinen Sinussignal u mit einer Frequenz f und einer Amplitude U_1 aus, welches z. B. von einem Signalgenerator erzeugt wird. Die Frequenz f nennt man in diesem Zusammenhang auch Grundfrequenz. Der Punkt, an dem man dieses

Signal in die Schaltung einspeist, habe einen Gleichanteil U_0. Der resultierende
Signalverlauf lässt sich dann durch die Zeitfunktion

$$u(t) = U_0 + U_1 \sin(\omega t) \tag{5.1}$$

mit der Kreisfrequenz $\omega = 2\pi \cdot f$ beschreiben. Der Übergang von der technischen
Frequenz f zu der Kreisfrequenz ω ist darin begründet, dass die Sinusfunktion
die Periode 2π aufweist.

Zur Vereinfachung der Darstellung wird davon ausgegangen, dass das
Signal (5.1) an einer rein statischen Kennlinie wirksam wird. Das kann die
Strom-Spannungs-Kennlinie eines einzelnen Bauelements sein (beispielsweise die
Anodenstrom-Gitterspannungs-Kennlinie einer Triode) oder eine entsprechen-
de Eingangs-Ausgangs-Kennlinie einer Baugruppe (z. B. einer Verstärkerstufe).
Diese Kennlinie lässt sich mathematisch durch eine Funktion

$$y = F(u) \tag{5.2}$$

beschreiben. Bei einer linearen Kennlinie bzw. Funktion (5.2) erhält man aus
dem eingespeisten Sinussignal (5.1) wieder ein Sinussignal

$$y(t) = Y_0 + Y_1 \sin(\omega t) \tag{5.3}$$

mit dem Gleichanteil Y_0, der Amplitude Y_1, aber der gleichen Kreisfrequenz ω
und somit auch der gleichen technischen Frequenz f wie (5.1). Im Fall einer
nichtlinearen Kennlinie (5.2) stellt sich am Ausgang wiederum ein periodisches
Signal ein, welches aufgrund der nichtlinearen Verzerrungen allerdings nicht
mehr als reines Sinussignal der Grundfrequenz darstellbar ist. Dieser Sachverhalt
wird in Abb. 5.1 illustriert.

Ein in der beschriebenen Weise verzerrtes Signal kann man durch Hinzunahme von Schwingungsanteilen der doppelten, dreifachen usw. Frequenz darstellen:

$$y(t) = Y_0 + Y_1 \sin(\omega t) + Y_2 \sin(2\omega t) + Y_3 \sin(3\omega t) + \cdots \tag{5.4}$$

Allgemein treten ganzzahlige Vielfache der Kreisfrequenz ω bzw. der technischen Frequenz f auf. Die bei Gl. (5.4) gegenüber Gl. (5.3) hinzugekommenen

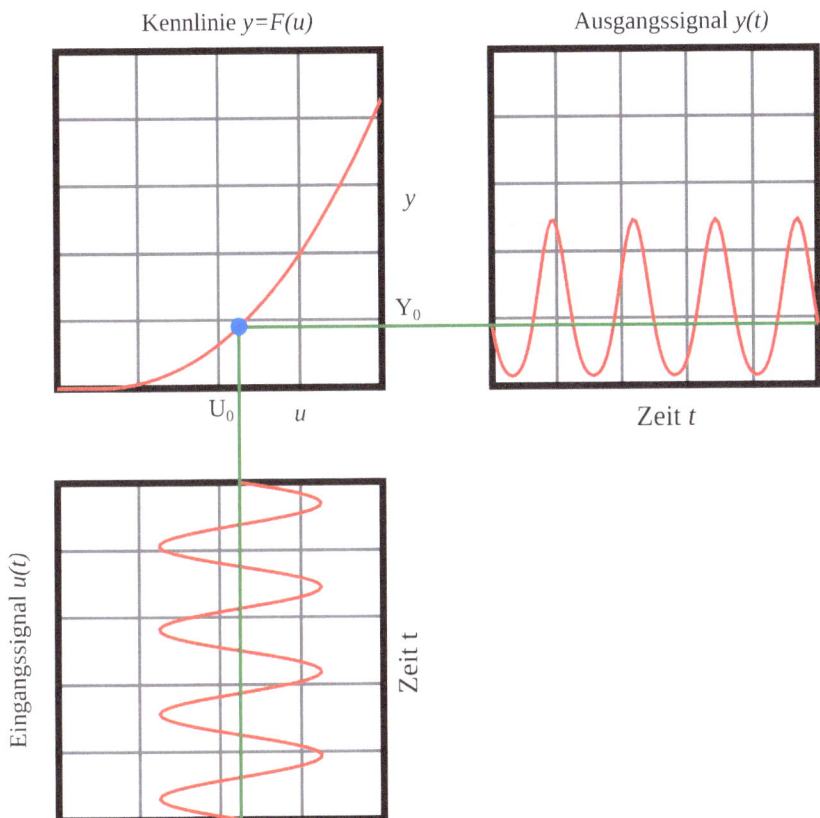

Abbildung 5.1: Verzerrung einer Sinusschwingung an einer nichtlinearen Kenn-linie, eingespeistes Sinussignal (links unten), nichtlineare Kennlinie (links oben), verzerrtes Ausgangssignal (rechts oben)

Schwingungsanteile höherer Frequenzen nennt man auch Oberwellen, Ober-schwingungen bzw. höhere Harmonische. Gl. (5.4) beschreibt eine Zerlegung des Signals in verschiedene Frequenzanteile. Diese Darstellung nennt man Fourier-reihe, die zugehörigen Koeffizienten Y_k heißen Fourierkoeffizienten [20]. Der Ko-effizient Y_2 beschreibt dabei die Amplitude der doppelten Frequenz bzw. zweiten Harmonischen, Y_3 die der dreifachen Frequenz bzw. dritten Harmonischen usw. Die Frequenzanteile, die zu geradzahligen Vielfachen der Grundfrequenz f gehö-ren (also die Frequenzen $2f, 4f, 6f, \ldots$ bzw. die Kreisfrequenzen $2\omega, 4\omega, 6\omega, \ldots$), nennt man gerade Harmonische. Die anderen Anteile, die dementsprechend zu den Frequenzen $f, 3f, 5f, \ldots$ bzw. den Kreisfrequenzen $\omega, 3\omega, 5\omega, \ldots$ gehören, heißen ungerade Harmonische. In der Regel klingen die Fourierkoeffizienten Y_k mit wachsender Ordnung k schnell ab. Daher beschränkt man sich oft auf die Koeffizienten Y_2 und Y_3, welche die Amplitude bzw. die Signalstärke der ersten Oberschwingungen angeben.

Die in Abb. 5.1 (links oben) angegebene Kennlinie entspricht in ihrem qualitativen Verlauf der Anodenstrom-Gitterspannungs-Kennlinie einer Triode und beeinflusst daher maßgeblich das Verhältnis zwischen Gitter- und Anodenspannung einer Verstärkerstufe. Für eine lineare Verstärkerstufe müsste diese Kennlinie mindestens in einem gewissen Bereich eine Gerade sein. Bei der in Abb. 5.1 skizzierten Kennlinie ist das nicht der Fall, diese Kennlinie weist eine für Trioden typische Krümmung auf. Damit erhält man einen bezüglich des Gleichstromanteils Y_0 unsymmetrischen Verlauf des Ausgangssignals $y(t)$, siehe Abb. 5.1 (rechts oben). Diese Unsymmetrie der Auslenkung in positive bzw. negative Richtung bezüglich des Arbeitspunktes Y_0 wird in der Fourierreihe (5.4) durch die geraden Harmonischen beschrieben und daher maßgeblich von dem Anteil Y_2 der doppelten Frequenz $2f$, also der zweiten Harmonischen, bestimmt.

Bei einem Ton der Frequenz f (z. B. bei dem Kammerton a^1 mit $f = 440\,\mathrm{Hz}$) entspricht die doppelte Frequenz $2f$ dem gleichen Ton der nächsthöheren Oktave. Die Anreicherung eines Grundtons um den um eine Oktave versetzten Ton wird meist als angenehm (und insbesondere nicht dissonant) empfunden. Daher sind Röhrenverstärker, die mit Triodenstufen gerade Harmonische anreichern, sehr populär [25]. Bei den in diesem Buch eingesetzten Anodenspannungen sind die Anodenstrom-Gitterspannungs-Kennlininen stärker gekrümmt als im regulären Betriebsfall mit einigen hundert Volt Anodenspannung. Das führt zu wesentlich stärkeren Signaldeformationen, die sich insbesondere in den geraden Harmonischen zeigen. Um den Klang nicht zu stark zu verfälschen, werden in diesem Kapitel Schaltungsansätze vorgestellt, bei denen die durch die nichtlinearen Kennlinienverläufe hervorgerufenen Unsymmetrien kompensiert werden. Die gewählten Ansätze beruhen auf der Überlagerung zweier Triodenkennlinien und führen zu einer deutlichen Unterdrückung der zweiten Harmonischen. Damit hat man zumindest den dominanten Einfluss der Nichtlinearitäten behoben bzw. abgeschwächt.

Als nächste Harmonische gibt die dritte Harmonische den Anteil der dreifachen Frequenz $3f$ an. Gegenüber dem Grundton mit der Frequenz f entspricht das in der nächsthöheren Oktave dem zusätzlich um eine Quinte versetzten Ton (siehe [61]). Während eine Quinte selber als nicht dissonant wahrgenommen wird, kann es beim gleichzeitigen Erklingen mehrerer Töne (z. B. von einem Akkord) sehr leicht zu Dissonanzen kommen. Folglich sind dritte Harmonische in der Regel nicht erwünscht. Dritte Harmonische treten insbesondere bei Verstärkerstufen mit Pentoden auf, wo durch sehr steile Kennlinien der Anteil der zweiten Harmonischen nicht so deutlich hervortritt wie bei Trioden. Daher trifft man öfters auf Schaltungen, bei denen Pentoden als Trioden betrieben werden [23, 24, 41].

Transistor- und Röhrenschaltungen unterscheiden sich auch in ihrem Sättigungsverhalten. Röhrenschaltungen haben in der Regel glatte Kennlinienverläufe im Sättigungsbereich, während Transistorschaltungen praktisch unmittelbar in die Sättigung gehen. Dieses abrupte Sättigungsverhalten von Transistorstufen führt zu vielen höheren Harmonischen und einem insgesamt härteren Klang. Bei Röhrenschaltungen nehmen die Harmonischen höherer Ordnung schneller ab, was in ein angenehmeres, weicheres Klangbild mündet [34].

5.2 Kompensation durch symmetrischen Aufbau

Bei der in Abb. 5.2 dargestellten Schaltung wird das Gegentaktprinzip für die Kompensation gerader Harmonischer im Vorverstärker genutzt. Die Schaltung greift auf die in Kapitel 3 eingesetzte Doppeltriode ECC82 zurück und kann auch mit dem dort verwendeten Endstufenschaltkreis TDA1519 kombiniert werden.

Die aus R_1 bis R_3, C_1 bis C_3 sowie dem Feldeffekttransistor (FET) bestehende Schaltung arbeitet als Phasenumkehrstufe. Der Widerstand R_1 sorgt für eine negative Gatevorspannung und stellt damit den Arbeitspunkt des Transistors ein. Der Drainwiderstand R_2 besitzt den gleichen Widerstandswert wie der Sourcewiderstand R_3. Durch beide Widerstände fließt außerdem der gleiche Strom. Damit besitzen die an den Kondensatoren C_2 und C_3 ausgekoppelten Wechselspannungsanteile die gleiche Amplitude, allerdings das gegenteilige Vorzeichen. Diesen gegenläufigen Betrieb kann man als Phasenumkehr bzw. als Phasenverschiebung um 180° auffassen.

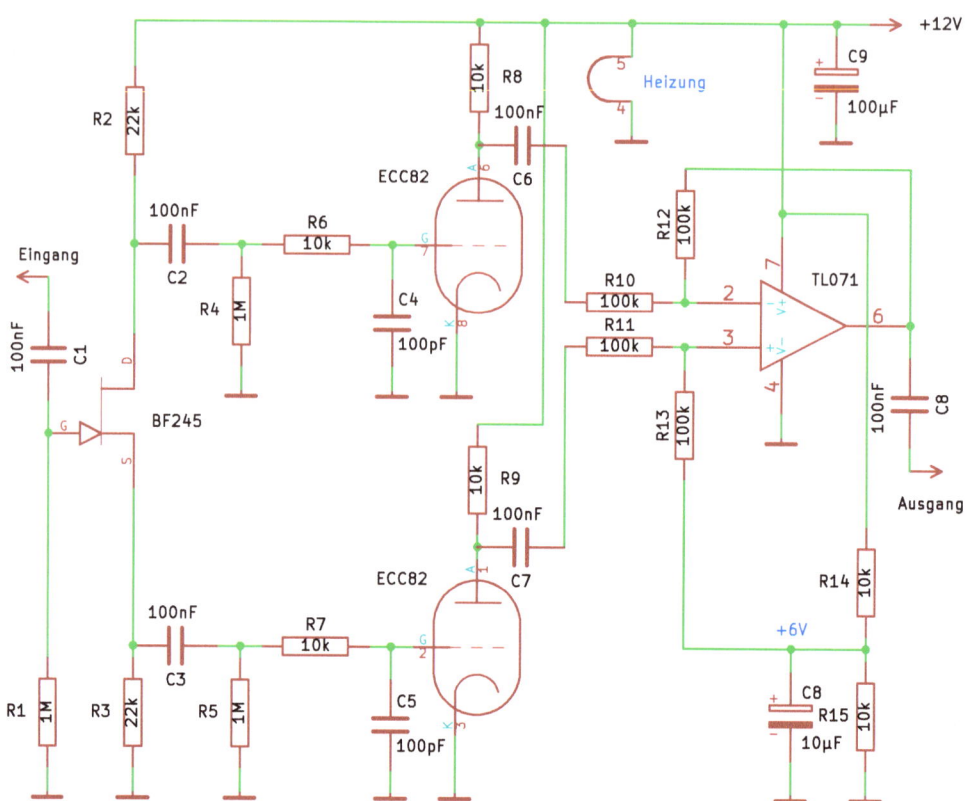

Abbildung 5.2: Symmetrisch aufgebaute Verstärkerschaltung zur Unterdrückung gerader Harmonischer

Eine solche Phasenumkehrstufe kann man auch mit einer Triode realisieren. Die sich damit ergebende Anordnung ist unter der Bezeichnung Kathodyn-Schaltung bekannt [26, S. 55-56]. Auf jeden Fall ist die Verstärkung einer solchen Schaltungsanordnung kleiner als eins [59, Abschnitt 6.2.1]. Im Testbetrieb wurde die Schaltung mit einem 1 kHz-Eingangssignal der Amplitude von 500 mV erprobt. Abb. 5.3 zeigt die Verläufe des Eingangs- bzw. der Ausgangssignale der Phasenumkehrstufe.

Die gegenphasigen Ausgangssignale des Feldeffekttransistors werden jeweils einer Triodenverstärkerstufe zugeführt. Diese Stufen sind symmetrisch entsprechend der in Abb. 3.10 gezeigten Stereo-Vorstufe aufgebaut. Abb. 5.4 zeigt das Oszillogramm des ursprünglichen Eingangssignals und der an den Entkoppel-

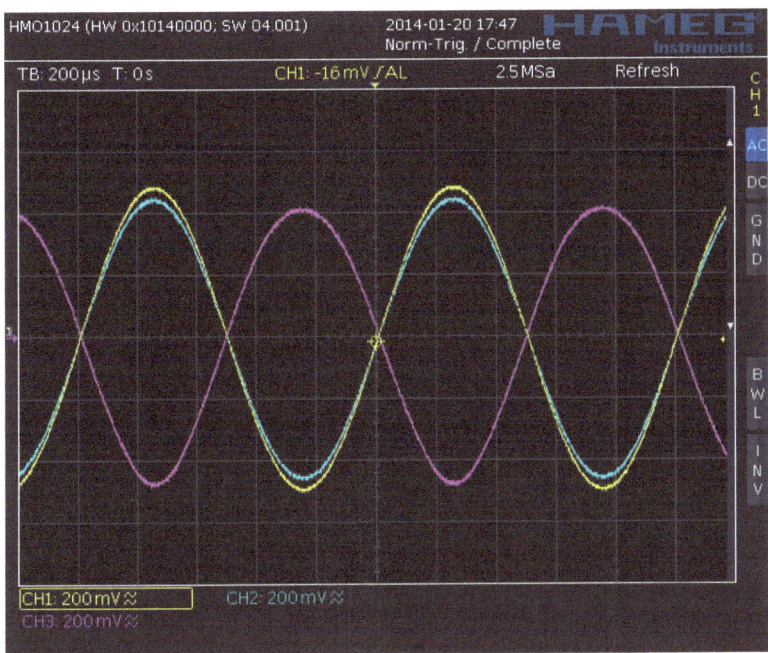

Abbildung 5.3: Messungen an der FET-Stufe zur Phasenumkehr, Eingangssignal mit $500\,\mathrm{mV}$ Amplitude (gelb), Wechselanteile der Sourcespannung (türkis) bzw. der Drainspannung (violett)

kondensatoren C_6 und C_7 entnommenen Wechselspannungsanteile der jeweiligen Anodenspannung, wobei Eingangs- und Ausgangssignale in jeweils verschiedenen Skalierungen dargestellt wurden. Beide Ausgangssignale sind nicht mehr symmetrisch und enthalten somit gerade Harmonische.

Die in Abb. 5.4 gezeigten anodenseitigen Ausgangssignale werden beide im oberen Bereich gedämpft. Durch eine Differenzbildung sollen diese Deformationen gegenseitig kompensiert werden. Abb. 5.5 zeigt die Grundschaltung eines Differenzverstärkers auf Basis eines Operationsverstärkers für eine symmetrische Spannungsversorgung. Diese Schaltung kombiniert einen invertierenden mit einem nichtinvertierenden Verstärker. Die Ausgangsspannung U_a ergibt sich aus den beiden Eingangsspannungen U_1 und U_2 durch

$$U_a = \frac{(R_{10} + R_{12})\,R_{13}}{(R_{11} + R_{13})\,R_{10}}\,U_1 - \frac{R_{12}}{R_{10}}\,U_2.$$

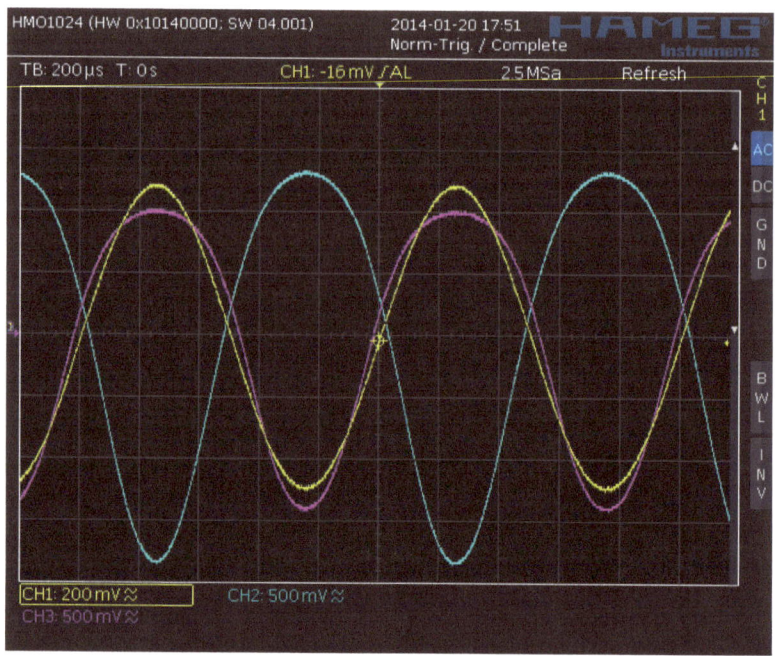

Abbildung 5.4: Wechselanteil der Anodenspannungen der Triodenstufen aus Abb. 5.2 (türkis für Anschluss 1 und violett für Anschluss 6 der ECC82) im Vergleich mit dem Eingangssignal (gelb)

Wählt man $R_{11} = R_{10}$ und $R_{13} = R_{12}$, so vereinfacht sich diese Beziehung zu

$$U_a = \frac{R_{12}}{R_{10}} (U_1 - U_2),$$

womit sich für beide Eingänge betragsmäßig der gleiche Verstärkungsfaktor ergibt. Mit $R_{10} = R_{11} = R_{12} = R_{13}$ vereinfacht sich diese Beziehung auf eine reine Differenzbildung

$$U_a = U_1 - U_2,$$

so dass man letztlich einen Subtrahierer erhält. Diese Beschaltungsvariante ist sehr verbreitet und kommt auch in der in Abb. 5.2 gezeigten Schaltung zum Einsatz. Allerdings bestehen bei der Wahl der Widerstandswerte auch Freiheitsgrade, die beispielsweise genutzt werden können, um für beide Eingänge den gleichen Eingangswiderstand sicherstellen zu können [70].

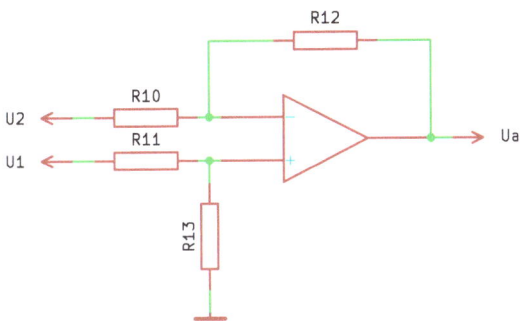

Abbildung 5.5: Grundschaltung eines Differenzverstärkers mit Operationsverstärker

Abb. 5.6 zeigt das gemessene Eingangs- und Ausgangssignal für die Gesamtschaltung. Deformationen des Ausgangssignals sind praktisch nicht zu erkennen. Bei einer Eingangsamplitude von 500 mV und einer Ausgangsamplitude von ca. 2,5 V beträgt die Verstärkung der gesamten Schaltung $\mu_{ges} \approx 5$.

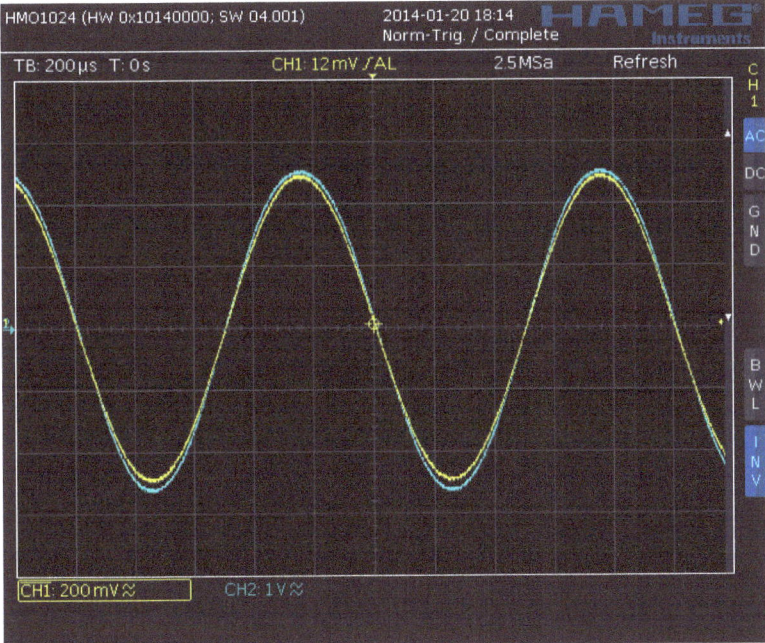

Abbildung 5.6: Eingangsspannung der Gesamtschaltung mit 500 mV Amplitude (gelb) und Ausgangsspannung am Differenzverstärker mit 2,5 V Amplitude (türkis)

5.3   Kompensation durch SRPP-Schaltung

Dieser Abschnitt widmet sich einer speziellen Verstärkerschaltung, die unter der Abkürzung SRPP (engl. *shunt-regulated push-pull*) bekannt ist. Push-Pull bedeutet dabei, dass es sich um einen Gegentaktverstärker handelt. Abb. 5.7 zeigt eine mögliche Schaltungsanordnung mit der im Kapitel 4 eingesetzten UKW-Doppeltriode UCC85. Die untere Triode ist wie bei einer Kathoden-basisschaltung mit Stromgegenkopplung verschaltet (siehe Abschnitt 1.3.3.3). Anstelle des in der Kathodenbasisschaltung vorhandenen (passiven) Anoden-widerstands fungiert die obere Triode als aktiver Widerstand.

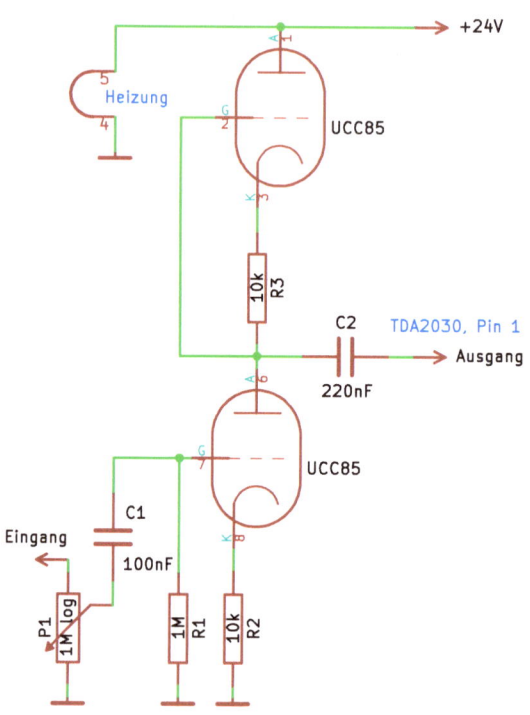

Abbildung 5.7: SRPP-Schaltung mit UCC85

Bei der Anodenbasisschaltung hängt die Arbeitsverstärkung μ_a nicht nur von der Leerlaufverstärkung μ der betreffenden Röhre, sondern auch maß-geblich vom Anodenwiderstand bzw. bei einer Stromgegenkopplung zusätzlich vom Kathodenwiderstand ab (vgl. Gl. (1.15) auf S. 21 bzw. Gl. (1.19) auf S. 25). Mit Hilfe der in Abschnitt 1.3.2 eingeführten Kleinsignalersatzschaltungen für

Trioden erhält man bei übereinstimmenden Röhrenparametern und gleichen Kathodenwiderständen R_2 und R_3 den Verstärkungsfaktor

$$\mu_a = \frac{\mu}{2}, \tag{5.5}$$

siehe [29]. Die durch Gl. (5.5) suggerierte, völlige Unabhängigkeit der Arbeitsverstärkung von der äußeren Beschaltung ist nicht gegeben, da die Leerlaufverstärkung μ vom eingestellten Arbeitspunkt abhängt (vgl. Abschnitt 1.2.3.3).

Ursprünglich wurde die SRPP-Schaltung als eine Verstärkerschaltung eingeführt, welche gegenüber Schwankungen der Betriebsspannung besonders unempfindlich ist [10]. Die Bereitstellung einer hochstabilen Versorgungsspannung ist heutzutage kein Problem mehr. Die SRPP-Schaltung ist allerdings nach wie vor sehr beliebt, weil sie sehr klirrarm ist. Bei dem Gegentaktbetrieb der zwei Trioden werden deren Kennlinien derart überlagert, dass gerade Harmonische weitestgehend unterdrückt werden. Manche Autoren greifen die Ausgangsspannung nicht wie in Abb. 5.7 an der Anode der unteren Triode, sondern an der Kathode der oberen Röhre ab [10, 37, 38]. Damit wird die Symmetrie der Gegentaktstufe geringfügig gestört. Zusätzlich erhält man eine deutliche kompliziertere Formel für die Arbeitsverstärkung [59, Abschnitt 6.3.2].

Die in Abb. 5.7 gezeigte Schaltung orientiert sich an den Schaltungsvorschlägen aus [37, 38], die für die Röhren ECC81-83 ausgelegt sind. Neben dem veränderten Ausgang und der für die UCC85 deutlich herabgesetzten Anodenspannung wurden auch die Kathodenwiderstände von $1\,\mathrm{k\Omega}$ auf $10\,\mathrm{k\Omega}$ erhöht. Damit kann man einen größeren Aussteuerbereich erzielten, hat aber auch eine geringere Verstärkung. Im Versuchsaufbau wurde bei einem $1\,\mathrm{kHz}$-Testsignal der Verstärkungsfaktor $\mu_a \approx 7,5$ bestimmt.

Bei der Versuchsschaltung fiel auf, dass die Anodenspannung der unteren Röhre deutlich von dem zu erwartenden Wert der halben Betriebsspannung abwich. Hinsichtlich der Gittervorspannungserzeugung sind tatsächlich die beiden Trioden unterschiedlich beschaltet. Um diese Asymmetrie zu beseitigen, wurde an der oberen Triode ebenfalls ein Gitterableitwiderstand eingefügt, der zusätzlich wechselspannungsseitig mit einem Kondensator überbrückt wurde. Abb. 5.8 zeigt die verbesserte SRPP-Schaltung. Mit dieser Modifikation, mit der man sich von der SRPP-Stufe in Richtung μ-Follower bewegt (vgl. [44, S. 128] bzw. [59, Abschnitt 6.3.3]), wurde eine Spannungsverstärkung von $\mu_a \approx 9 \ldots 10$ erzielt. Für weitere Modifikations- und Verbesserungsvorschläge sei auf [16, 17] verwiesen.

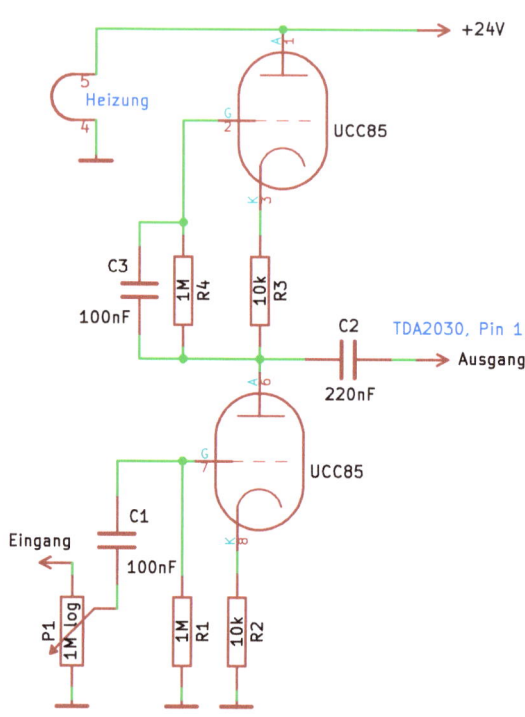

Abbildung 5.8: Verbesserte SRPP-Schaltung mit UCC85

Abb. 5.9 zeigt die mit dem Oszilloskop aufgenommenen Verläufe des Eingangs- und Ausgangssignals der SRPP-Schaltung aus Abb. 5.8. Das Eingangssignal hat eine Frequenz von 1 kHz mit einer Amplitude von 200 mV. Da die SRPP-Schaltung eine invertierende Verstärkerschaltung ist, wurde das Ausgangssignal zum besseren Vergleich invertiert dargestellt. Die Ausgangsamplitude beträgt etwa 2 V.

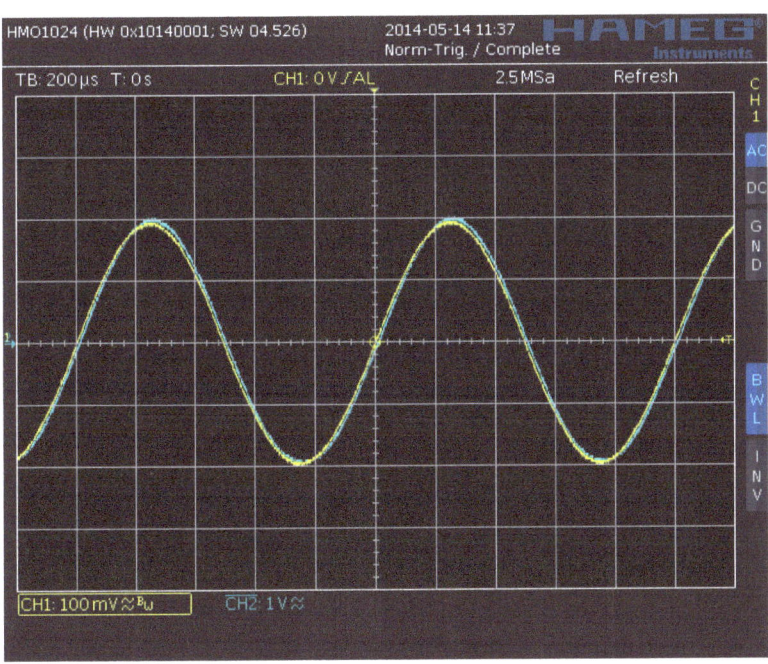

Abbildung 5.9: Eingangsspannung mit 200 mV Amplitude (gelb) und invertierte Ausgangsspannung der modifizierten SRPP-Stufe aus Abb. 5.8 mit etwa 2 V Amplitude (türkis)

Kapitel 6

Stromversorgung

Die Stromversorgungseinheit eines Röhrengerätes hat in der Regel zwei Aufgaben. Zum einen ist die Heizung der Röhren zu gewährleisten. Bei den Röhren der E-Serie erfolgt die Heizung normalerweise mit einer Wechselspannung von $6,3\,\mathrm{V}$, die von einem Transformator bereitgestellt wird. Zum anderen benötigt man als anodenseitigen Versorgungspannung eine stabilisierte Gleichspannung, welche typischerweise im Bereich $100\ldots350\,\mathrm{V}$ liegt.

Bei den in diesem Buch behandelten Schaltungen liegt eine völlig andere Situation vor. Die auf Transistorbasis beruhenden Schaltkreise kommen mit vergleichsweise kleinen Spannungen aus, benötigen dafür aber entsprechend viel Strom. Die mit den Endstufenschaltkreisen verbundenen Röhrenstufen wurden so ausgelegt, dass die jeweilige Versorgungsspannung gleichzeitig auch zur Heizung sowie anodenseitigen Versorgung der entsprechenden Röhren genutzt werden kann.

Innerhalb der E-Serie war beispielsweise die Gleichrichterröhre EZ80 sehr verbreitet. Diese Röhre ist für hohe Spannungen bis maximal $350\,\mathrm{V}$, aber nur für kleine Ströme von knapp $100\,\mathrm{mA}$ ausgelegt [62] und daher für den in diesem Buch anvisierten Einsatzbereich nicht geeignet. Auch bei vielen Röhrenradios erfolgte die Gleichrichtung bereits mit Selengleichrichtern. In den folgenden Schaltungen kommen daher nur Gleichrichterbauelemente auf Halbleiterbasis zum Einsatz.

6.1 Prinzipieller Aufbau und Wirkungsweise

Der grundsätzliche Aufbau einer stabilisierten Gleichspannungsversorgung ist in Abb. 6.1 wiedergegeben. Mit einem Transformator wird zunächst die Netzspannung von $230\,\mathrm{V}$ und $50\,\mathrm{Hz}$ heruntertransformiert, anschließend gleichgerichtet und mit Hilfe eines Elektrolytkondensators geglättet. Ein zusätzlicher Spannungsregler liefert eine stabilisierte Betriebsspannung U_b.

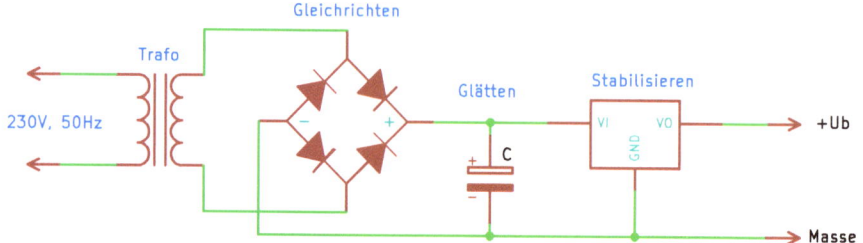

Abbildung 6.1: Grundsätzlicher Aufbau der Stromversorgung

Beim Anschluss des Transformators an das Stromnetz ist besondere Sorgfalt geboten. Dabei sind die entsprechenden Sicherheitsbestimmungen zu beachten und einzuhalten [33]. Insbesondere sind beim Netzanschluss alle leitfähigen Teile gegen Berührung zu sichern. Bei einem leitenden Gehäuse (Metallgehäuse) muss zusätzlich der Schutzleiter an das Gehäuse angeschlossen sein. Die Durchgängigkeit des Schutzleiters ist zu prüfen.

Die in Abb. 6.2 (oben) gezeigte Graetzbrücke ist eine Vollweggleichrichterschaltung, d. h. beide Halbwellen der anliegenden Wechselspannung gehen in die bereitzustellende Gleichspannung ein. Je nach Halbwelle fließt dabei der Strom über jeweils zwei der vier Dioden. Dieser Vorgang wird in Abb. 6.2 (unten) veranschaulicht.

Die von der Sekundärwicklung des Transformators abgegebene Wechselspannung gibt man üblicherweise als Effektivwert

$$U_{\mathrm{eff}} = \sqrt{\frac{1}{T} \int_{t_0}^{t_0+T} u^2(t)\,\mathrm{d}t}$$

an, d. h. den quadratischen Mittelwert der Spannung $u(t)$ zur Zeit t über eine Schwingungsperiode T. Im Fall einer $50\,\mathrm{Hz}$-Schwingung beträgt die Perioden-

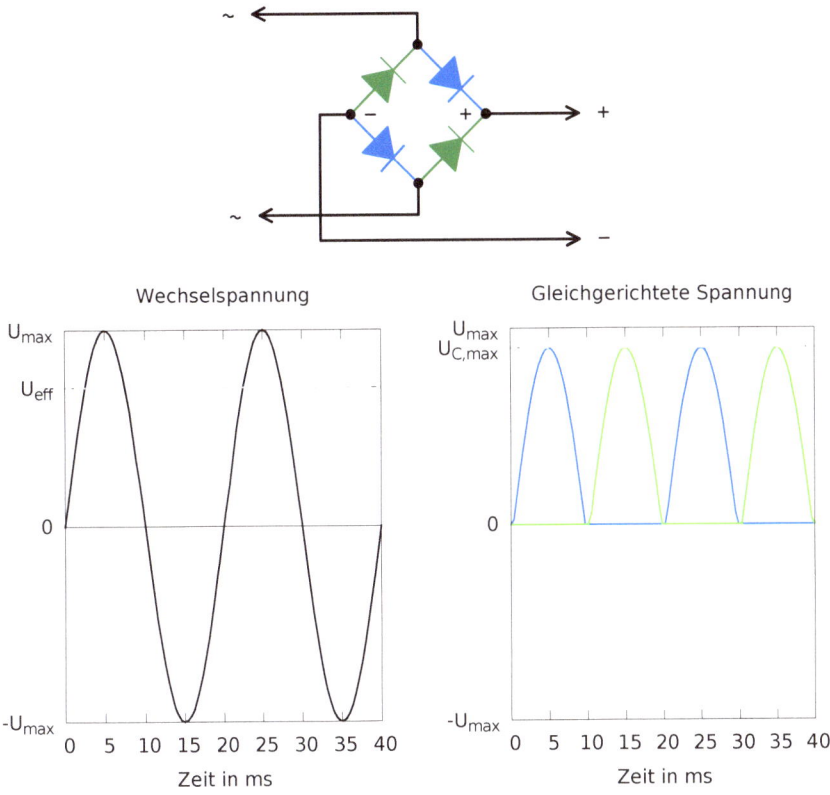

Abbildung 6.2: Gleichrichtung, Schaltbild einer Graetzbrücke (oben), 50 Hz Wechselspannung am Eingang und gleichgerichtete Ausgangsspannung mit 100 Hz (unten)

dauer $T = (50\,\mathrm{Hz})^{-1} = 20\,\mathrm{ms}$. Bei einer rein harmonischen Schwingung (Sinusschwingung) ist die Amplitude (Auslenkung) um den Faktor $\sqrt{2}$ größer als der Effektivwert

$$U_{\mathrm{max}} = \sqrt{2} \cdot U_{\mathrm{eff}},$$

siehe Abb. 6.2 (unten links). Bei einem Transformator mit 12 V-Sekundärwicklung ergibt sich aus diesem Effektivwert die Amplitude $U_{\mathrm{max}} = \sqrt{2} \cdot 12\,\mathrm{V} \approx 17\,\mathrm{V}$.

Die am Ausgang der Graetzbrücke (d. h. am Elektrolytkondensator C) anliegende maximale Spannung $U_{C,\mathrm{max}}$ ist etwas geringer, da über jeweils zwei

Siliziumdioden[1] ca. $0,7\,\text{V}$ abfallen:

$$U_{C,\text{max}} \approx U_{\text{max}} - 1,4\,\text{V}$$

Dieser Sachverhalt ist in Abb. 6.2 (unten rechts) illustriert. Im Falle des o. g. $12\,\text{V}$-Transformators kommt man auf $U_{C,\text{max}} \approx 15,6\,\text{V}$.

Die gleichgerichtete Spannung stabilisiert man mit einem ausreichend großen Elektrolytkondensator. Bei anliegender Last erhält man einen Spannungsverlauf, wie er qualitativ in Abb. 6.3 dargestellt ist. Das Abklingverhalten zwischen den vom Gleichrichter bereitgestellten Spannungsmaxima mit der Spannung $U_{C,\text{max}}$ lässt sich durch das in Abb. 6.4 (links) dargestellte RC-Glied beschreiben, wobei der Widerstand die Last nachbildet. Ausgehend von einer zu einem Anfangszeitpunkt $t = 0$ anliegenden Spannung $u(0)$ klingt die Spannung $u(t)$ mit fortlaufender Zeit t ab:

$$u(t) = u(0) \cdot \mathrm{e}^{-\frac{t}{RC}}$$

Dabei symbolisiert "e" die eulersche Exponentialfunktion, die in allen gängigen Programmiersprachen mit "exp" aufgerufen wird. Dieser abklingende Spannungsverlauf ist in Abb. 6.4 (rechts) illustriert. Betrachtet man diesen Verlauf über eine Periode der $100\,\text{Hz}$-Schwingung, so ist für den Endzeitpunkt $t = T$ die Periodendauer $T = (100\,\text{Hz})^{-1} = 10\,\text{ms}$ einzusetzen. Bei einem vorgegebenen Maximalwert $u(0) = U_{C,\text{max}}$ der Spannung innerhalb der Schwingungsperiode kann man dann die am Kondensator anliegende minimale Spannung $U_{C,\text{min}} = u(T)$ bestimmen. Damit ergibt sich der Zusammenhang

$$U_{C,\text{min}} = U_{C,\text{max}} \cdot \mathrm{e}^{-\frac{T}{RT}} \quad \text{bzw.} \quad U_{C,\text{max}} = U_{C,\text{min}} \cdot \mathrm{e}^{+\frac{T}{RC}} \,. \tag{6.1}$$

Möchte man eine vorgegebene, minimale Spannung U_{min} gewährleisten, d. h. $U_{C,\text{min}} \geq U_{\text{min}}$, so ist für den Gleichrichter die Spitzenspannung $U_{C,\text{max}}$ entsprechend

$$U_{C,\text{max}} \geq U_{\text{min}} \cdot \mathrm{e}^{+\frac{T}{RC}} \tag{6.2}$$

---

[1]In Durchlassrichtung fällt über einer Diode ab einem gewissen Strom eine nahezu konstante Spannung ab, die man Schwellenspannung nennt. Bei Siliziumdioden liegt diese Schwellenspannung bei ca. $0,7\,\text{V}$, bei Germaniumdioden bei ca. $0,2\,\text{V}$ und bei Schottkydioden bei ca. $0,3\,\text{V}$.

zu wählen. Aus dieser Formel wird auch ersichtlich, dass sich bei größerem Widerstand R (also bei geringerer Last) bzw. größerer Kapazität des Kondensators die Spannungsschwankungen innerhalb einer Periode verringern.

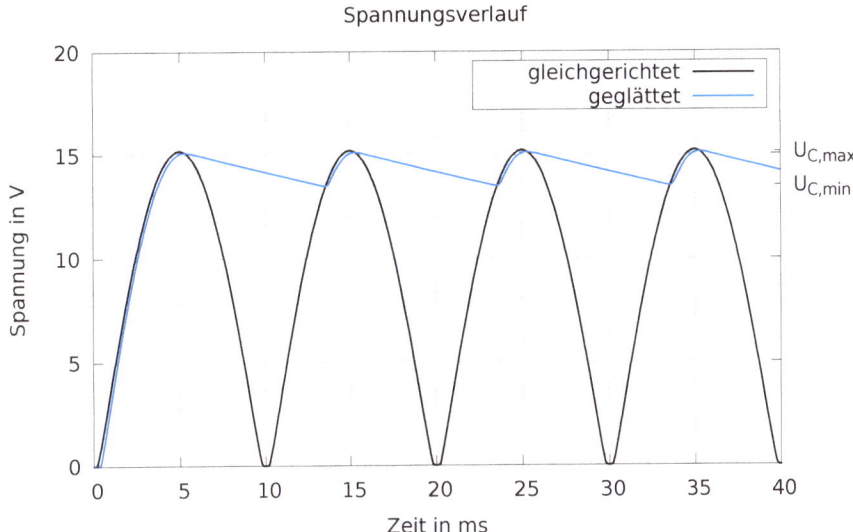

Abbildung 6.3: Spannungsverlauf einer gleichgerichteten bzw. zusätzlich geglätteten 12 V-Wechselspannung

Bei den in Abb. 6.3 gezeigten Spannungsverläufen wurde eine Wechselspannung mit einem Effektivwert von 12 V zugrunde gelegt. Die nach dem Gleichrichter auftretende Maximalspannung wurde bereits in vorangegangenen Berechnungen mit $U_{C,\mathrm{max}} \approx 15,6$ V angegeben. Mit einem Lastwiderstand von $R = 15\,\Omega$ ergibt sich zusammen mit einem Elektrolytkondensator von $C = 4700\,\mu\mathrm{F}$ die Mindestspannung

$$U_{C,\mathrm{min}} = U_{C,\mathrm{max}} \cdot \mathrm{e}^{-\frac{T}{RC}} \approx 15,6\,\mathrm{V} \cdot \mathrm{e}^{-\frac{10\cdot10^{-3}\,\mathrm{s}}{15\,\mathrm{V/A}\cdot4700\cdot10^{-6}\,\mathrm{As/V}}} \approx 13,5\,\mathrm{V}.$$

Für die Stabilisierung stehen zahlreiche integrierte Schaltkreise zur Verfügung, die beispielhaft in den nächsten Abschnitten Anwendung finden.

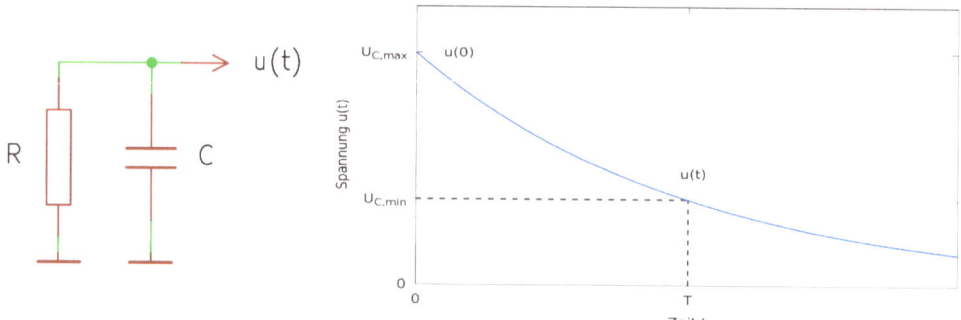

Abbildung 6.4: RC-Glied (links) und dessen Abklingverhalten (rechts)

6.2   Stromversorgung für 12 V und 1 A

Zur Stabilisierung einer positiven Spannung bietet sich der Einsatz von Festspannungsreglern der 78xx-Serie an [76]. Der für 12 V vorgesehene Festspannungsregler 7812 ist je nach Hersteller für $1 \ldots 1,5$ A ausgelegt. Die Standardbeschaltung ist in Abb. 6.5 (links) dargestellt. Die optional vorgesehene Schutzdiode stellt sicher, dass die Spannung auf der Lastseite (z. B. durch aufgeladene Elektrolytkondensatoren) die Eingangsspannung nicht übersteigt.

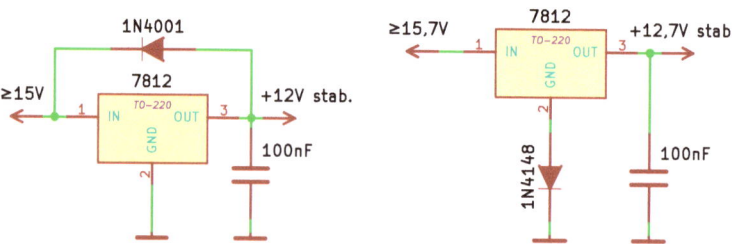

Abbildung 6.5: Einsatz des Festspannungsreglers 7812 für die Bereitstellung von 12 V mit zusätzlicher Schutzdiode (links) bzw. für ca. 12, 7 V nach [49] (rechts)

Der Festspannungsregler 7812 erzeugt bei ausreichender Eingangsspannung eine Spannung von 12 V zwischen dem Ausgang und dem Referenzeingang, der in Abb. 6.5 (links) auf Masse gelegt ist. Fügt man zwischen dem Referenzeingang und Masse eine Siliziumdiode ein, so verschiebt sich das Potential am Referenzeingang von 0 V auf ca. 0, 7 V, so dass am Ausgang eine Spannung von ca. 12, 7 V anliegt. Mit dieser in [49] vorgeschlagenen Schaltungsanordnung, die in Abb. 6.5 (rechts) dargestellt ist, kommt man der für die Röhren ECC81 bis ECC83 vorgesehen Heizspannung $U_f = 12,6\,\mathrm{V}$ etwas näher.

Anstelle eines Festspannungsreglers 7812 kann man auch den variablen Spannungsregler LM317 [73] einsetzen, der nominell ebenfalls für $1\ldots1,5\,\mathrm{A}$ ausgelegt ist. Die Ausgangsspannung U_{out} ergibt sich aus

$$U_{\mathrm{out}} = U_{\mathrm{ref}}\left(1 + \frac{R_2}{R_1}\right) + I_{\mathrm{adj}}R_2, \tag{6.3}$$

wobei die Referenzspannung $U_{\mathrm{ref}} \approx 1,25\,\mathrm{V}$ intern durch den IC bereitgestellt wird. Der Strom I_{adj} in den Referenzeingang kann bei nicht allzu großen Widerstandswerten vernachlässigt werden, d. h. mit $I_{\mathrm{adj}} \approx 0\,\mathrm{A}$ vereinfacht sich die o. g. Gleichung zu

$$U_{\mathrm{out}} \approx U_{\mathrm{ref}}\left(1 + \frac{R_2}{R_1}\right). \tag{6.4}$$

Für $R_1 = 120\,\Omega$ und $R_2 = 1\,\mathrm{k}\Omega$ erhält man damit die Ausgangsspannung $U_{\mathrm{out}} \approx 11,7\,\mathrm{V}$, für den nächstgrößeren Widerstandswert in der E24-Reihe von $R_2 = 1,1\,\mathrm{k}\Omega$ kommt man auf $U_{\mathrm{out}} \approx 12,7\,\mathrm{V}$. Die entsprechende Beschaltung ist in Abb. 6.6 dargestellt. Der zusätzlich vorgesehene Elektrolytkondensator sorgt beim Einschalten für einen langsamen Anstieg der Ausgangsspannung und schont damit die Heizfäden der Röhre.

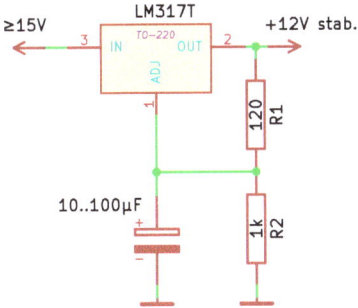

Abbildung 6.6: Stabilisierung von $12\,\mathrm{V}$ bzw. $12,7\,\mathrm{V}$ mit variablen Spannungsregler LM317

Für das korrekte Funktionieren der o. g. Spannungsregler muss zwischen Eingang und Ausgang eine gewisse Mindestspannung anliegen (engl. *dropout voltage*). Für die 78xx-Spannungsregler wird diese Spannung mit typischerweise

2 V bzw. mit maximal 2, 5 V angegeben [76].[2] Zur Sicherheit (d. h. unter Berücksichtigung möglicher Verluste, Schwankungen der Netzspannung usw.) wird in den nachfolgenden Berechnungen ein minimaler Spannungsabfall von 3 V angesetzt. Für eine stabilisierte Ausgangsspannung von 12 V sollten am Eingang mindestens 15 V anliegen, für eine Ausgangsspannung von 12, 7 V dementsprechend 15, 7 V.

Die folgenden Berechnungen beziehen sich auf den Nominalfall mit 12 V Ausgangsspannung, also einer Mindestspannung 15 V am Eingang des Spannungsreglers. Für die bereitzustellende Stromstärke von 1 A lässt sich die Last als ohmscher Widerstand mit dem Widerstandswert

$$R = \frac{U}{I} = \frac{15\,\mathrm{V}}{1\,\mathrm{A}} = 15\,\Omega$$

auffassen. Diese Last wurde bereits beispielhaft im Abschnitt 6.1 behandelt, wo zusammen mit einem 12 V-Transformator und einem 4700 μF-Elektrolytkondensator eine Mindestspannung von $U_{C,\mathrm{min}} \approx 13,5\,\mathrm{V}$ ermittelt wurde. Diese Spannung liegt unterhalb des geforderten Mindestwertes von 15 V. Der verwendete 4700 μF-Elektrolytkondensator hat zwar schon eine große Kapazität, im Fachhandel sind aber auch Elektrolytkondensatoren mit 10000 μF bzw. 22000 μF verfügbar. Mit einem 22000 μF-Kondensator würde man auf eine Mindestspannung von $U_{C,\mathrm{min}} \approx 15, 1\,\mathrm{V}$ kommen und damit die Forderung von 15 V knapp erfüllen. Allerdings können Elektrolytkondensatoren sehr große Abweichungen bezüglich der angegebenen Nennkapazität aufweisen (typischerweise -50% bis $+100\%$), so dass für den Aufbau der Spannungsversorgung eine höhere Wechselspannung am Eingang verwendet werden sollte.

Als nächsthöhere Sekundärspannung gängiger Netztransformatoren kann man $U_{\mathrm{eff}} = 15\,\mathrm{V}$ ansetzen. Daraus ergibt sich die Spitzenspannung $U_{\mathrm{max}} = \sqrt{2} \cdot U_{\mathrm{eff}} \approx 21, 2\,\mathrm{V}$, wodurch nach zwei Dioden am Ausgang des Gleichrichters maximal $U_{C,\mathrm{max}} \approx 19, 8\,\mathrm{V}$ anliegen. Für eine geforderte Mindestspannung $U_{\mathrm{min}} = 15\,\mathrm{V}$ erhält man durch Umstellen von (6.2) die zur Glättung einzuset-

---

[2]Es gibt auch Spannungsregler, die für einen besonders niedrigen Spannungsabfall ausgelegt sind. Auf diese sog. Low-Drop-Regler wird in Abschnitt 6.4.2 eingegangen.

zende Mindestkapazität

$$C \geq \frac{T}{R \cdot \ln(U_{C,\max}/U_{\min})} \qquad (6.5)$$
$$= \frac{10 \cdot 10^{-3}\,\mathrm{s}}{15\,\mathrm{V/A} \cdot \ln(19,8\,\mathrm{V}/15\,\mathrm{V})} \approx 2400\,\mu\mathrm{F},$$

wobei "ln" den natürlichen Logarithmus symbolisiert. Die berechnete Kapazität liegt knapp oberhalb des Standardwerts von $2200\,\mu\mathrm{F}$. Mit dem nächstgrößeren gängigen Wert von $4700\,\mu\mathrm{F}$ kommt man auf eine Mindestspannung von $U_{\min} \approx 17,2\,\mathrm{V}$. Damit wäre die für den Spannungsregler erforderliche Spannung von $15\,\mathrm{V}$ auch bei etwas größerer Stromentnahme sichergestellt. Über dem Spannungsregler fällt dann eine Spannung im Bereich von $U_{C,\min} - U_{\mathrm{out}} \approx 5,2\,\mathrm{V}$ bis $U_{C,\max} - U_{\mathrm{out}} \approx 7,8\,\mathrm{V}$ ab, so dass bei einer Stromstärke von $1\,\mathrm{A}$ eine Verlustleistung von $P \approx 5,2\ldots7,8\,\mathrm{W}$ zu erwarten ist. Für den Spannungsregler ist daher ein entsprechender Kühlkörper vorzusehen. Beim Elektrolytkondensator würde rein rechnerisch eine Ausführung für $25\,\mathrm{V}$ reichen. Sicherheitshalber sollte man eher auf die $35\,\mathrm{V}$-Ausführung zurückgreifen.

Bei einer maximalen Stromstärke von $1\,\mathrm{A}$ lässt sich die Graetzbrücke mit vier Dioden des Typs 1N4001 aufbauen. Strebt man eine etwas höhere Stromstärke an (z. B. $1,5\,\mathrm{A}$), dann könnte man auf die $3\,\mathrm{A}$-Dioden 1N5400 zurückgreifen (siehe Tab. 6.1). Abb. 6.7 zeigt das Schaltbild der gesamten Stromversorgungseinheit unter Verwendung des $12\,\mathrm{V}$-Festspannungsreglers L7812CV.

Tabelle 6.1: Standard-Gleichrichterdioden

Spitzensperrspannung in V	1 A-Dioden	3 A-Dioden
50	1N4001	1N5400
100	1N4002	1N5401
200	1N4003	1N5402
400	1N4004	1N5404
600	1N4005	1N5406
800	1N4006	1N5407
1000	1N4007	1N5408

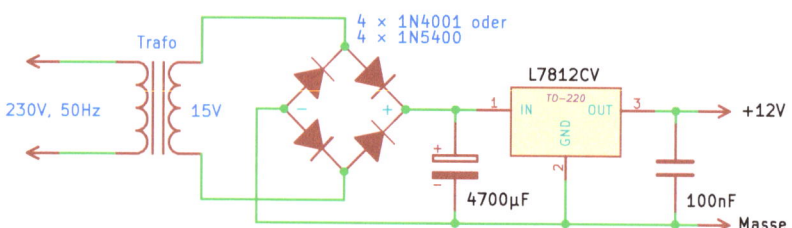

Abbildung 6.7: Stabilisierte Stromversorgung für 12 V und 1 A

6.3 Stromversorgung für 12 V und 2-3 A

Die Begrenzung der Stromstärke auf $1\ldots1,5$ A der in Abschnitt 6.2 behandelten Stromversorgung lag im Wesentlichen an den eingesetzten Spannungsreglern. Anstelle des Festspannungsreglers 7812 kann man die Spezialversion L78S12 einsetzen, die für 2 A ausgelegt ist, aber kurzzeitig auch 3 A verträgt [71]. In ähnlicher Weise kann man den variablen Spannungsregler LM317 [73] durch den Schaltkreis LM350 ersetzen. Letzterer ist für mindestens 3 A ausgelegt, kann aber typischerweise auch mit $4,5$ A betrieben werden [32]. Die gewünschte Ausgangsspannung wird beim LM350 in gleicher Weise wie beim LM317 durch die äußere Beschaltung mit zwei Widerständen entspr. Gl. (6.3) bzw. (6.4) eingestellt.

Der Aufbau der Graetzbrücke könnte mit vier einzelnen 3 A-Dioden 1N5400 erfolgen. Eleganter ist die Nutzung eines integrierten Brückengleichrichters. Für die gewünschte Stromstärke von $2\ldots3$ A bietet es sich an, den Silizium-Brückengleichrichter GBU4A bzw. KBU4A einzusetzen [30, 31]. Diese Gleichrichter sind für einen Nennstrom von 4 A bei einer maximalen Wechselspannung von 35 V ausgelegt.[3] Unabhängig von der jeweiligen Polarität der anliegenden Wechselspannung fließt der Strom über zwei der vier Dioden. Bei einem Spannungsabfall von ca. $0,7$ V pro Diode ergibt sich bei einem Strom von 3 A eine über dem Gleichrichter abfallende Verlustleistung von $2\cdot0,7\,\text{V}\cdot3\,\text{A} = 4,2\,\text{W}$, so dass der Einsatz eines Kühlkörpers angeraten ist.

Für die o. g. Spannungsregler ist wieder eine Mindestspannung von 15 V bereitzustellen. Bei einer Maximalstromstärke von 3 A lässt sich die Last

---

[3]Ähnliche Gleichrichter sind auch für 6 A, 8 A bzw. 12 A verfügbar (GBU6A/KBU8A, GBU6A/KBU8A bzw. GBU12A/KBU12A).

als Widerstand $R = 15\,\text{V}/3\,\text{A} = 5\,\Omega$ auffassen. Die Auslegung von Trafo und Glättungskondensator kann man wie in Abschnitt 6.2 mit den in Abschnitt 6.1 angegebenen Formeln durchführen. Alternativ kann die Dimensionierung der Stromversorgung auch mit Hilfe einer Schaltungssimulation erfolgen. Abb. 6.8 zeigt die mit dem Open-Source-Programm Qucs [1] simulierten Spannungsverläufe am Glättungskondensator für verschiedene Trafospannungen und Kapazitätswerte in Verbindung mit einem $5\,\Omega$-Lastwiderstand. Bei der in Abschnitt 6.2 verwendeten Dimensionierung mit einem 15 V-Trafo und einem $4700\,\mu\text{F}$-Elektrolytkondensator schwankt die Spannung etwa im Bereich $14,1\ldots19,2\,\text{V}$ und liegt damit zeitweise unter dem geforderten Wert von 15 V. Mit Formel (6.5) kommt man bei diesem Szenario auf eine Mindestkapazität von ca. $7200\,\mu\text{F}$. Die Simulation mit einem $10000\,\mu\text{F}$-Elektrolytkondensator liefert einen Schwankungsbereich von etwa $16,4\ldots19,2\,\text{V}$, so dass in diesem Fall die geforderte Mindestspannung von 15 V eingehalten wird.

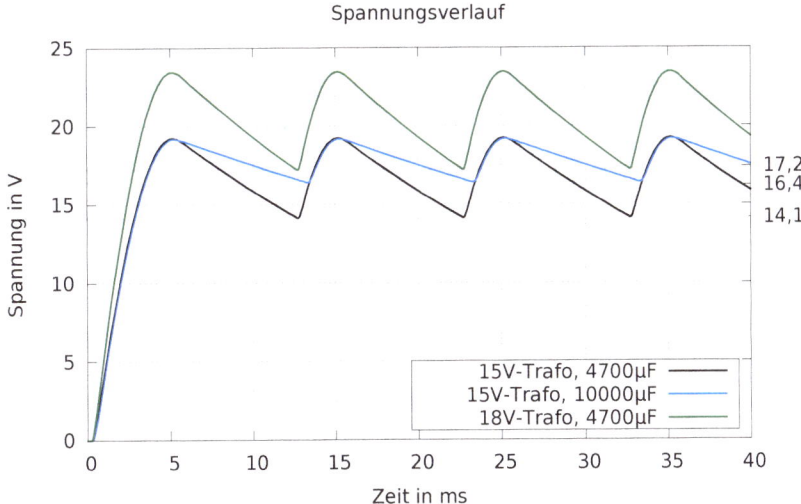

Abbildung 6.8: Spannungsverlauf der gleichgerichteten und geglätteten Wechselspannung an einem $5\,\Omega$-Lastwiderstand

Anstelle eines 15 V-Transformators in Verbindung mit einem $10000\,\mu\text{F}$-Glättungskondensator kann man auch einen 18 V-Trafo zusammen mit einem $4700\,\mu\text{F}$-Elektrolytkondensator einsetzen, wobei sich die geglättete Spannung im Bereich $17, 2 \ldots 23, 4$ V bewegt (vgl. Abb. 6.8). Abb. 6.9 zeigt die Schaltung einer entsprechenden Stromversorgungseinheit.

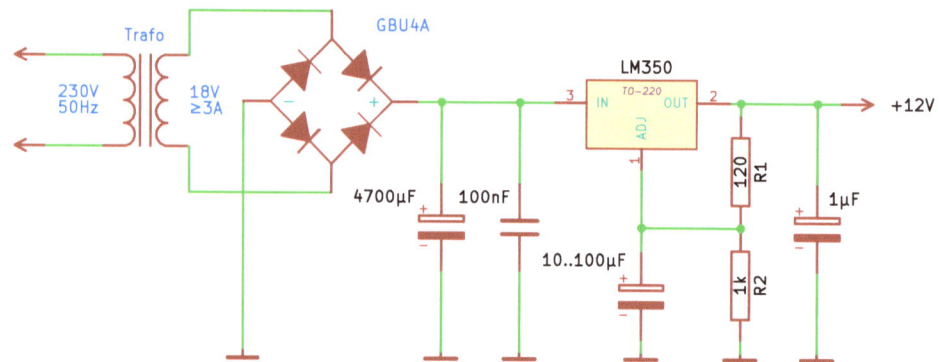

Abbildung 6.9: Stabilisierte Stromversorgung für 12 V und 3 A

Grundsätzlich ist festzustellen, dass man mit einer höheren Trafospannung die erforderliche Kapazität des Glättungskondensators reduzieren kann. Allerdings kann man die Kapazität auch nicht beliebig groß wählen. Zum Einschaltzeitpunkt stellt der Kondensator praktisch einen Kurzschluss dar, so dass kurzzeitig ein sehr großer Strom durch den Gleichrichter fließt. Bei einer zu großen Kapazität können die Gleichrichterdioden zerstört werden. Für den Brückengleichrichter GBU4A ist beispielsweise eine Maximalkapazität von $20000\,\mu$F angegeben, wobei zusätzlich ein Strombegrenzungswiderstand von $0, 25\,\Omega$ zu ergänzen ist [40].

6.4   Ergänzungen

6.4.1   Symmetrische Stromversorgung

In Ergänzung zu den in Abschnitt 6.2 und 6.3 verwendeten positiven Spannungsreglern gibt es ähnliche Schaltkreise zur Stabilisierung negativer Spannungen, beispielsweise den für 12 V und $1 \ldots 1, 5$ A vorgesehenen Festspannungsregler 7912 [72]. Das Gegenstück zum L78S12 ist der negative Spannungsregler L79S12. Analog stehen den positiven variablen Spannungsreglern LM317 und LM350 die variablen negativen Regler LM337 und LM333 gegenüber.

Durch Kombination eines Spannungsreglers für positive Spanungen mit seinem Gegenstück für negative Spannung kann man eine symmetrische Ausgangsspannung bereitstellen, die insbesondere für Operationsverstärker hilfreich ist. Abb. 6.10 zeigt eine sog. Mittelpunktschaltung [69, Abschnitt 22.1.2], die mit einer Graetzbrücke auskommt. Bei der angegebenen Auslegung, welche auf den Rechenergebnissen aus Abschnitt 6.2 basiert, benötigt man einen Netztransformator mit zwei 15 V-Sekundärwicklungen (bzw. einer entsprechenden 30 V-Wicklung mit Mittelanschluss).

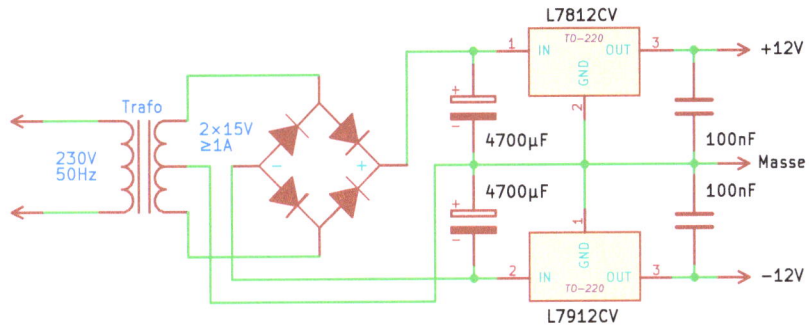

Abbildung 6.10: Symmetrische Stromversorgung für ±12 V und 1 A

6.4.2 Low-Drop-Regler

Über den klassischen Spannungsreglern 78xx-Serie fällt typischerweise eine Spannung von mindestens $2 \ldots 2,5$ V ab [76]. Es gibt allerdings auch modernere Regler, bei denen dieser Spannungsabfall minimiert wurde. Man spricht dann von Low-Drop-Reglern. Tab. 6.2 führt einige variable bzw. für 12 V ausgelegte Regler auf [50, 51]. Der gegenüber den Standardreglern niedrigere Spannungsabfall führt bei gleicher Stromstärke zu einer geringeren Verlustleistung. Dadurch erhöht sich einerseits der Wirkungsgrad der Stromversorgung, andererseits kann man kleinere Kühlkörper verwenden bzw. ggf. auf Kühlkörper verzichten.

6.4.3 Schaltregler

Bei den bisher behandelten Spannungsreglern handelt es sich um sogenannte lineare Regler, bei denen der Spannungsabfall über einem Leistungstransistor

Tabelle 6.2: Low-Drop-Regler [50, 51]

Variable Regler	Regler für 12 V	Maximalstromstärke in A
LT1083CT	LT1083CT-12	7,5
LT1084CT	LT1084CT-12	5,0
LT1085CT	LT1085CT-12	3,0

entsprechend der gewünschen Ausgangsspannung kontinuierlich angepasst wird. Diesen Reglertypen stehen Schaltregler gegenüber, wo der Transistor nur in zwei Zuständen (eben als Schalter) arbeitet. Ist der Transistor gesperrt, so fließt kein Strom. Über einem leitenden Transistor fällt nahezu keine Spannung ab. In beiden Fällen ist die am Transistor abfallende elektrische Leistung außerordentlich gering. Die Glättung der Ausgangsspannung erfolgt über passende reaktive Bauelemente (Spule bzw. Kondensator).

Ein gängiger Schaltregler ist der LM2596 [77]. Dieser Schaltkreis ist für verschiedene Festspannungen sowie als variabler Schaltregler verfügbar. Der LM2596 enthält alle aktiven Bauelemente für einen Tiefsetzsteller (Buck-Konverter). Abb. 6.11 zeigt die Grundschaltung eines für 12 V und 3 A ausgelegten Schaltreglers. Die angegebene Schaltung basiert auf dem im Datenblatt angegebenen Referenzentwurf [77]. Aufgrund der hohen Schaltfrequenz von ca. 150 kHz kommt man bei der Drossel mit einer niedrigen Induktivität aus. Als Freilaufdiode sollte man keine Silizium-, sondern eine Schottky-Leistungsdiode einsetzen, beispielsweise die 1N5825 (siehe Tab. 6.3).

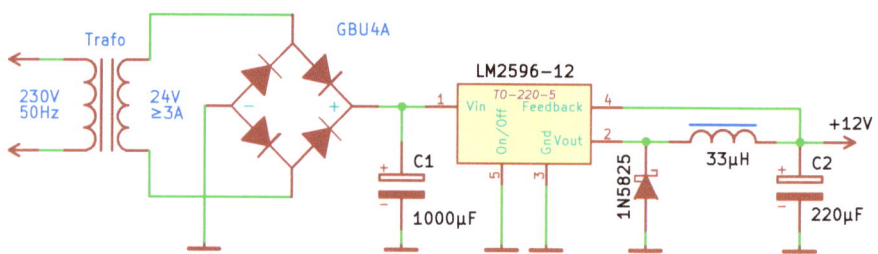

Abbildung 6.11: Mit einem Schaltregler stabilisierte Stromversorgung für 12 V und 3 A

Tabelle 6.3: Schottky-Leistungsdioden für 5 A [53]

Diode	Spitzensperrspannung in V
1N5823	20
1N5824	30
1N5825	40

6.4.4 Verdoppler- bzw. Kaskadenschaltung

Die bei Audioverstärkern sehr beliebte Doppeltriode ECC83 ist für den Betrieb mit sehr niedrigen Anodenspannungen um 12 V nicht geeignet (siehe [15, 45] bzw. Abschnitt 3.2). Auch für die ECC82 wäre eine etwas höhere Anodenspannung vorteilhaft. Im Unterschied zu richtig hohen Anodenspannungen im Bereich von $100 \ldots 350\,\text{V}$ sind die nachfolgenden Schaltungen für eine anodenseitige Spannungsversorgung von etwa $24 \ldots 65\,\text{V}$ vorgesehen. Dieser Spannungsbereich ist durchaus auch bei Anwendungsschaltungen zu finden (vgl. z. B. [25]).

Abb. 6.12 zeigt zwei Spannungsverdopplerschaltungen, die nach Greinacher (links) bzw. nach Villard (rechts) benannt sind [69, Abschnitt 22.1.4]. Bei einem 12 V-Trafo beträgt die Spannungsamplitude $U_{\text{max}} = \sqrt{2}\cdot 12\,\text{V} \approx 17\,\text{V}$. Mit der Verdopplung der Spannung und dem Spannungsabfall über zwei Siliziumdioden kommt man auf eine Ausgangsspannung von ca. 32,5 V. Zur Glättung der Ausgangsspannung wurden Elektrolytkondensatoren eingefügt. Die Stabilisierung kann für 24 V mit einen Festspannungsregler 7824 erfolgen oder für bis zu 28 V mit einem variablen Spannungsregler LM317 [73].

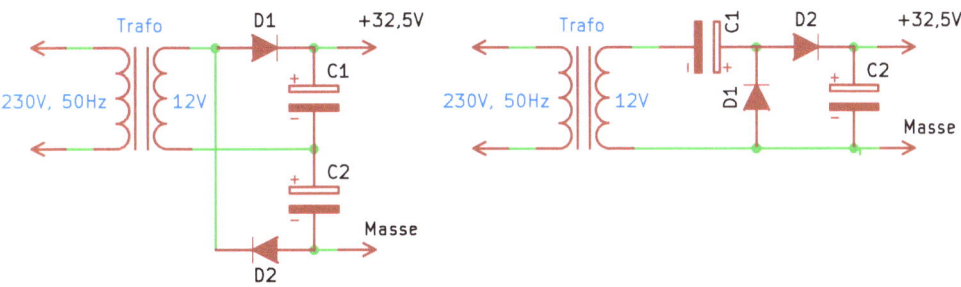

Abbildung 6.12: Verdopplerschaltung nach Greinacher (links) bzw. nach Villard (rechts) für ca. 32,5 V

Die Kombination mehrerer Villard-Schaltungen führt auf eine Kaskaden-schaltung, mit der sich theoretisch beliebig hohe Spannungen generieren lassen. Abb. 6.13 zeigt eine Variante der Kaskadenschaltung zur Spannungsvervier-fachung. Der Widerstand R_s und der Kondensator C_s bilden zusammen ein Siebglied zur Glättung der Gleichspannung. Der Elektrolytkondensator C_s soll-te dabei mindestens für 80 V ausgelegt sein. Zusammen mit dem Entladewider-stand R_e und der Last bildet R_s einen Spannungsteiler, durch den die Betriebs-spannung U_b festgelegt wird.

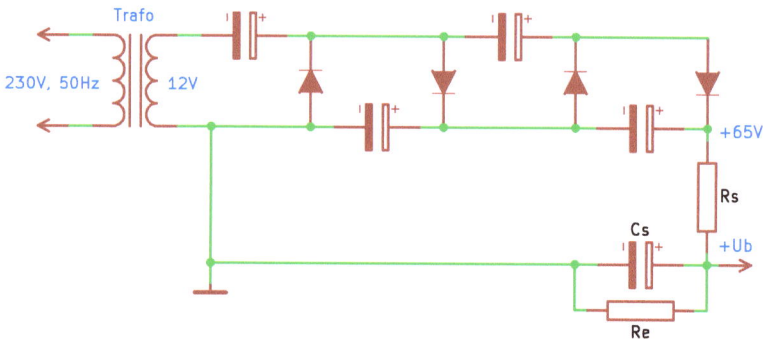

Abbildung 6.13: Kaskadenschaltung für ca. 65 V

Bei der beschriebenen Schaltung treten Gleichspannungen von mehr als 60 V auf. Hierbei müssen alle leitfähigen Teile gegen Berührung gesichert werden. Zu-sätzlich ist zu gewährleisten, dass die Stromversorgung keine Überschreitungen der Spannung zulässt. Daher muss die Stromversorgung mit einem Sicherheits-transformator erfolgen [33].

Für den Aufbau der Stromversorgungseinheit bietet es sich an, einen Sicher-heitstransformator mit zwei 12 V-Sekundärwicklungen einzusetzen. Eine der Sekundärwicklungen könnte man zur anodenseitigen Vorsorgung mit einer Spannungsvervielfacherschaltung entsprechend Abb. 6.12 bzw. 6.13 verschalten. Da der anodenseitige Stromverbrauch sehr gering ist, kann man diese Wick-lung auch zur Heizung der ECC82 oder ECC83 mit 12 V-Wechselspannung nutzen. Um Brummeinstreuungen zu minimieren sollte man die Zuleitungs-kabel verdrillen. Mit der zweiten Wicklung könnte man für den Halbleiter-verstärker eine stabilisierte 12 V-Gleichspannung bereitstellen. Die gegenüber Abschnitt 6.2 niedrige Sekundärspannung von 12 V bereitet keine Probleme, wenn man einen Low-Drop-Regler nutzt (siehe Abschnit 6.4.2) und anstelle von Silizium-Gleichrichterdioden auf Schottky-Leistungsdioden zurückgreift (vgl. Tab. 6.3).

Literaturverzeichnis

[1] *Qucs project: Quite Universal Circuit Simulator.* `http://qucs.sourceforge.net/`.

[2] *HEA-Autosuper Transistor-Baby.* Funkschau, 29(15):690–691, 1957.

[3] *Neue Röhren für Autosuper.* Funkschau, 29(15):409–411, 1957.

[4] *Die Doppeltriode ECC 86, eine UKW-Röhre für 6,3 V Anodenspannung.* Funkschau, 30(1):3–4, 1958.

[5] *Funkamateur-Bauelementeinformation TDA7052A/AT, TDA7052B/BT, NF-Verstärker mit integrierter Lautstärkesteuerung.* Funkamateur, 54(5):919–920, 2005.

[6] *Elektor Special Project Röhren 2, HiFi und Musik.* Elektor-Verlag GmbH, 2006.

[7] *Elektor Special Project Röhren 5, Hören – Messen – Experimentieren.* Elektor-Verlag GmbH, 2009.

[8] AK MODUL-BUS Computer GmbH: *Experimentiersystem Röhrentechnik RT100,* 2005. Handbuch.

[9] AK MODUL-BUS Computer GmbH: *Experimentiersystem Röhrentechnik RT25,* 2006. Handbuch.

[10] Artzt, M.: *Balanced direct and alternating current amplifiers,* Februar 1943. `http://www.google.com/patents/US2310342`, US Patent 2,310,342.

[11] Backe, H. und L. König: *Elektrotechnik selbst erlebt. Bauen und Experimentieren*. Aulis Verlag Deubner & Co KG Köln, Lizenzausgabe Urania-Verlag, 1. Auflage, 1970.

[12] Barkhausen, H.: *Lehrbuch der Elektronen-Röhren und ihrer technischen Anwendungen, 4. Band: Gleichrichter und Empfänger*. S. Hirzel Verlag, Leipzig, 6. Auflage, 1951.

[13] Barkhausen, H.: *Lehrbuch der Elektronen-Röhren und ihrer technischen Anwendungen, 1. Band: Allgemeine Grundlagen*. S. Hirzel Verlag, Leipzig, 7. Auflage, 1953.

[14] Barkhausen, H.: *Lehrbuch der Elektronen-Röhren und ihrer technischen Anwendungen, 2. Band: Verstärker*. S. Hirzel Verlag, Leipzig, 6. Auflage, 1954.

[15] Blencowe, M.: *Triodes at Low Voltages – Linear amplifiers under starved conditions*. http://www.freewebs.com/valvewizard2/Triodes_at_low_voltages_Blencowe.pdf.

[16] Blencowe, M.: *The Optimized SRPP Amp (Part 1)*. Audio Xpress, Seiten 13–19, Mai 2010.

[17] Blencowe, M.: *The Optimized SRPP Amp (Part 2)*. Audio Xpress, Seiten 18–21, Juni 2010.

[18] Blencowe, M.: *Designing Tube Preamps for Guitar and Bass*. Wem Publishing, 2. Auflage, 2012.

[19] Book, H.: *Die Schaltungstechnik der neuen UKW-Doppeltriode ECC86*. Funkschau, 30(1):13–15, 1958.

[20] Bronstein, I. N., K. A. Semendjajew, G. Musiol und H. Mühlig: *Taschenbuch der Mathematik*. Harri Deutsch, Frankfurt, M., 8. Auflage, 2012.

[21] Conrad, W.: *Grundschaltungen der Funk- und Fernsehtechnik*. Verlag Technik, Berlin, 2. Auflage, 1962.

[22] Conrad, W. und D. Bolha: *Elektronenröhren*. VEB Fachbuchverlag, Leipzig, 1967.

[23] Corinth, G.: *Trioden-Endverstärker für hohe Übertragungsqualität*. In: [6], Seiten 92–95.

[24] Corinth, G.: *Trioden vs. Pentoden*. In: [6], Seiten 24–29.

[25] Dellemann, S.: *Röhrensound-Konverter*. In: [7], Seite 48.

[26] Diciol, O.: *Röhren-NF Verstärker Praktikum*. Franzis Verlag, Poing, 2008. Reprint-Ausgabe.

[27] Diefenbach, W. W.: *Universal-Schaltungsbuch, Teil II Röhren-Schaltungen*. Jakob Schneider Verlag, Berlin-Tempelhof, 1966.

[28] Dieleman, P.: *Theorie und Praxis des Röhrenverstärkers*. Elektor-Verlag, Aachen, 2004.

[29] Dieleman, P.: *Das SRPP-Prinzip*. In: [7], Seiten 78–87.

[30] Diotec Semiconductor AG: *KBU4A ... KBU4M, Silicon-Bridge-Rectifiers*. Datenblatt.

[31] Fairchild Semiconductor: *GBU 4A – GBU 4M, Bridge Rectifiers*. Datenblatt.

[32] Fairchild Semiconductor: *LM350, 3-Terminal 3A Positive Adjustable Voltage Regulator*. Datenblatt.

[33] Fritsche, H., G. Häberle und H. Häberle: *Schutz durch DIN VDE*. Verlag Europa-Lehrmittel, Haan-Gruiten, 15. Auflage, 2013.

[34] Giesberts, T., B. Vollmer und K. Rohwer: *Meinungen über Röhre – Röhren versus Transistoren*. Elektor, 411(3):30ff., März 2005.

[35] Gittel, J.: *Jogis Röhrenbude*. Franzis-Verlag, Poing, 2004.

[36] Gittel, J.: *Neues aus Jogis Röhrenbude*. Franzis-Verlag, Poing, 2005.

[37] Güls, J. P.: *Röhrenvorverstärker*. Elektor, (194):34–38, Februar 1987.

[38] Güls, J. P.: *Röhrenvorverstärker*. Elektor, (195):56–61, März 1987.

[39] Haas, G.: *ECC83 (12AX7) Microphone Preamplifier*. Elektor Electronics, 26(2):68–74, 2003.

[40] Haas, G.: *Elkos, Gleichrichter und ihr korrekter Einsatz*. In: [7], Seiten 11–17.

[41] Haas, G.: *PPP-Endstufe mit der Röhre EL 84 T*. [7], Seiten 18–22.

[42] Haas, G.: *Vielseitige Experimentierplatinen*. In: [7], Seiten 42–47.

[43] Jakubaschk, H.: *Radio- und Elektronikbasteln leichtgemacht*. Kinderbuchverlag, Berlin, 1. Auflage, 1983.

[44] Jones, M.: *Valve Amplifier*. Elsevier, Oxford, UK, 4. Auflage, 2012.

[45] Kainka, B.: *Röhren-Projekte von 6 bis 60 V*. Elektor-Verlag, Aachen, 2003.

[46] Kainka, B.: *0-V-2-Kurzwellenaudion mit ECC88*. In: [7], Seiten 34–38.

[47] Kainka, B.: *Radiobau mit Trioden*. Kindle Edition, 2014.

[48] König, L.: *Rundfunk und Fernsehen selbst erlebt. Das Experimentier- und Bastelbuch für Radio und Fernsehen*. Urania-Verlag, Leipzig, 1. Auflage, 1970.

[49] Lemme, H.: *Kampf den Exemplarstreuungen*. In: *Elektor Special Project Röhren 5* [7], Seiten 66–68.

[50] Linear Technology: *LT1083/84/85 Fixed, 3A, 5A, 7.5A Low Dropout Positive Fixed Regulators*. Datenblatt.

[51] Linear Technology: *LT1083/LT1084/LT1085, 7.5A, 5A, 3A Low Dropout Positive Adjustable Regulators*. Datenblatt.

[52] Mende, H. G.: *Radio-Röhren. Wie sie wurden, was sie leisten und anderes, was nicht im Barkhausen steht*. Franzis-Verlag, München, 1950.

[53] Microsemi: *5 Amp Schottky Rectifier 1N5823, 1N5824, 1N5825*, 2000. Datenblatt.

[54] National Semiconductor: *LM386, Low Voltage Audio Power Amplifier*, August 2000. Datenblatt.

[55] Peter, O., A. Joachimsthaler und S. Stettmayer: *Elektronik für Eisenbahner*. Verlag der GdED, Frankfurt (Main), 2. überarbeitete Auflage, 1969.

[56] Philips Semiconductors: *TDA1519, 2 x 6 W stereo car radio power amplifier*, Mai 1992. Datenblatt.

[57] Philips Semiconductors: *TDA1519A, 22 W BTL or 2 x 11 W stereo car radio power amplifier*, Mai 1992. Datenblatt.

[58] Philips Semiconductors: *1 Watt BTL mono audio amplifier with DC volume control TDA7052A/AT*, 1994. Datenblatt.

[59] Potchinkov, A.: *Simulation von Röhrenverstärkern mit SPICE, PC-Simulationen von Elektronenröhren in Audioverstärkern*. Vieweg+Teubner, Wiesbaden, 2009.

[60] Ratheiser, L.: *Rundfunkröhren, Eigenschaften und Anwendungen*. Regelien's Verlag, Berlin-Grunewald, 1949.

[61] Reimer, M.: *Der Klang als Formel. Ein mathematisch-musikalischer Streifzug*. Oldenbourg Verlag, München, 2. Auflage, 2011.

[62] RFT: *Empfängerröhren*. Röhrentaschenbuch der 4 Röhrenwerke der DDR.

[63] Rodenhuis, E. und W. Sparbier: *Röhren für Batterie-Empfänger*. Philips' Technische Bibliothek, 1956.

[64] Rydel, C.: *Simulation of Electron Tubes with Spice*. In: *Proceedings of the 98th Audio Engineering Society Convention*, Paris, 25.-28. Februar 1995.

[65] Röbenack, K.: *Radiobasteln mit Elektronenröhren: Detektorempfänger und Audionschaltungen*. Shaker Verlag, Aachen, 2013.

[66] Schubert, K. H.: *Das große Radiobastelbuch*. Deutscher Militärverlag, Berlin, 3. Auflage, 1966.

[67] Schwandt, J.: *Röhren-Taschen-Tabelle*. Franzis Verlag, Poing, 15. Auflage, 2006.

[68] *Home - Scilab*. http://www.scilab.org/.

[69] Seifart, M.: *Analoge Schaltungen*. Verlag Technik, Berlin, 5. Auflage, 1996.

[70] Sichla, F.: *Achtung, Differenzverstärker!* CQ DL, 83(10):712–713, 2012.

[71] STMicroelectronics: *L78Sxx, L78SxxC, 2 A positive voltage regulators*. Datenblatt.

[72] STMicroelectronics: *L79xxC, Negative voltage regulators*. Datenblatt.

[73] STMicroelectronics: *LM117/217, LM317, 1.2V TO 37V Voltage Regulator*. Datenblatt.

[74] STMicroelectronics: *TDA2030, 14 W hi-fi audio amplifier*, Juni 1998. Datenblatt.

[75] STMicroelectronics: *TDA2030A, 18 W hi-fi amplifier and 35 W driver*, Juli 2011. Datenblatt.

[76] STMicroelectronics: *L78xx, L78xxC, L78xxAB, L78xxAC, Positive voltage regulator ICs*, 2013. Datenblatt.

[77] Texas Instruments: *LM2596 SIMPLE SWITCHER® Power Converter 150 kHz 3A Step-Down Voltage Regulator*. Datenblatt.

[78] Texas Instruments: *TL071, TL071A, TL071B, TL072, TL072A, TL072B, TL074, TL074A, TL074B, Low-Noise JFET-Input Operational Amplifiers*, 1996. Datenblatt.

www.ingramcontent.com/pod-product-compliance
Lightning Source LLC
Chambersburg PA
CBHW040808200526
45159CB00022B/58